职业教育计算机专业改革创新教材

数字视频（DV）拍摄与后期制作实训教程

主　编　林博韬

副主编　曾柳霞

参　编　董劲标　周煜翔　何　宇

　　　　苏　凯　卢苇宁

机械工业出版社

本书采用"项目引领，任务驱动"的编写思路，强调实用性和操作性，体现"做中学，做中教"的教学理念。

　　本书以岗位为依托，内容丰富，基础与实训并重，全面、系统地介绍了数字视频（DV）拍摄与后期项目制作的操作规范与工作流程，内容分别涉及"导学""摄像灯光助理岗位""摄像师岗位""视音频剪辑员岗位""公司业务综合实训"，项目注重实战，贴切实际。

　　为方便学生学习和教师参考，本书配有电子课件及素材文件，读者可登录机械工业出版社教材服务网（www.cmpedu.com）以教师身份免费注册下载或联系编辑（010-88379194）咨询。

　　本书可作为各职业院校数字媒体技术及相关专业教材，也可作为社会培训班的参考书。

图书在版编目（CIP）数据

数字视频（DV）拍摄与后期制作实训教程/林博韬主编. —北京：机械工业出版社，2013.10（2021.1重印）

职业教育计算机专业改革创新教材

ISBN 978-7-111-44035-2

Ⅰ. ①数… Ⅱ. ①林… Ⅲ. ①数字控制摄像机—拍摄技术—职业教育—教材 Ⅳ. ①TN948.41

中国版本图书馆CIP数据核字（2013）第215293号

机械工业出版社（北京市百万庄大街22号　邮政编码100037）

策划编辑：梁　伟　　责任编辑：蔡　岩

封面设计：鞠　杨　　责任印制：常天培

固安县铭成印刷有限公司印刷

2021年1月第1版·第4次印刷

184mm×260mm·10.25印张·253千字

5 001—5 500册

标准书号：ISBN 978-7-111-44035-2

定价：29.00元

电话服务　　　　　　　　　　　网络服务

客服电话：010-88361066　　　　机　工　官　网：www.cmpbook.com

　　　　　010-88379833　　　　机　工　官　博：weibo.com/cmp1952

　　　　　010-68326294　　　　金　书　网：www.golden-book.com

封底无防伪标均为盗版　　　　机工教育服务网：www.cmpedu.com

前　　言

进入数字媒体时代，DV 设备走进了千家万户，这促使了数字视频（DV）拍摄与后期制作技术在行业中的迅速普及。大到电视台、各类影视公司、广告传媒公司，小至婚庆市场中的个人工作室，都在不同程度上依赖于数字视频技术。

本书依照项目化教学的理念，根据实际工作岗位的技能要求，全面系统地介绍了数字视频（DV）拍摄与后期项目制作的操作规范与工作流程。全书分为"导学""摄像灯光助理岗位""摄像师岗位""视音频剪辑员岗位""公司业务综合实训"5 章内容。本书任务内容的取材经过精心的整理提炼，结合实际岗位中切实的能力需求，努力体现工学结合的课程思路。通过图文并茂的内容组织，充分依据任务驱动式、案例式的项目情景教学模式进行编写。本书每个章节主要包括"岗前培训手册"与"实战引导手册"两大部分。其中，"岗前培训手册"主要侧重于任务驱动式的编写理念。关注职业院校学生在学习视频制作时常常遇到的常识性问题。力求构建本书的职业岗前引导功能。其内容包括"职业能力目标""设备操作指导""岗前实训指导"三大部分。"实战引导手册"在前面培训的基础上，鼓励学生根据实战性项目，结合具体要求进行分工与合作。其中每个项目的编写结构分为"项目情境""项目分析""项目实施""项目绩效考评"四个模块。这样可以更好地考虑到职校生能力分层明显的特点，实现项目内容的实施与辅导。最后，学生在实践的同时，还能从教材中的"知识拓展"部分得到更丰富的参考资源，从而引导学生的探究精神，鼓励培养职校生创造、创新的思维模式。

本书建议课时数为 100 学时。考虑到各地区、各学校实训设备的差异性，本书各章节内容具有较高的独立性，教师在组织教学时，可因地制宜地对书中内容相应调整和取舍。本书建议学时分配表如下。

章　序	教 学 内 容	学　时
第 1 章	导学	4
第 2 章	摄像助理岗位	12
第 3 章	摄像师岗位	24
第 4 章	视音频剪辑员岗位	24
第 5 章	公司业务综合实训	24
机　　动		12
合　　计		100

本书由林博韬任主编，曾柳霞任副主编。参与编写的还有董劲标、周煜翔、何宇、苏凯、卢苇宁。

由于数字媒体技术发展迅速，设备日新月异，加上编者水平有限，书中难免存在不足和疏漏之处，恳请读者批评指正。

编　者

目　　录

前言

第1章　导学 1

1.1　职业应用 1

1.1.1　就业方向 1

1.1.2　职业前景 1

1.2　新兵训练营 1

1.3　本章小结 7

1.4　实战强化 7

1.4.1　实战任务　个人形象宣传写真 7

1.4.2　知识拓展 8

第2章　摄像灯光助理岗位 12

2.1　岗前培训手册 12

2.1.1　设备操作指导 12

2.1.2　岗前实训指导 15

任务1　校园新闻采访——新闻灯照明 ...15

任务2　校园新闻采访——架设灯照明 ...17

任务3　校园新闻采访——反射光照明 ...20

2.2　实战引导手册 22

2.2.1　经典案例 22

2.2.2　实训项目　宣传片灯光布置 22

2.2.3　知识拓展 24

2.3　本章小结 25

第3章　摄像师岗位 26

3.1　岗前培训手册 26

3.1.1　设备操作指导 26

3.1.2　岗前实训指导 29

任务1　拍摄规范——手势训练 29

任务2　拍摄规范——站姿训练 33

任务3　拍摄规范——摄像机操作训练 ...35

任务4　拍摄技巧——固定拍摄训练 39

任务5　拍摄技巧——运动拍摄训练 45

3.2　实战引导手册 48

3.2.1　经典案例 48

3.2.2　实训项目1　会议现场单机拍摄 49

3.2.3　实训项目2　晚会现场多机位拍摄 51

3.2.4　知识拓展 54

3.3　本章小结 58

第4章　音视频剪辑员岗位 59

4.1　岗前培训手册 59

4.1.1　设备操作指导 59

4.1.2　岗前实训指导 85

任务1　宣传片的字幕编辑 85

任务2　音画虚实对位训练 92

任务3　多机位剪接训练 108

任务4　剪辑节奏训练 126

4.2　实战引导手册 141

4.2.1　经典案例 141

4.2.2　实训项目　专题片宣传 142

4.2.3　知识拓展 145

4.3　本章小结 148

第5章　公司业务综合实训项目 149

5.1　项目1　音乐MV 149

5.1.1　项目情境 149

5.1.2　项目分析 149

5.1.3　项目单 150

5.1.4　项目实施 151

5.1.5　项目审核 154

5.1.6　项目小结 155

5.2　项目2　广告片 156

5.2.1　项目情境 156

5.2.2　项目分析 156

5.2.3　项目单 156

5.2.4　项目实施 157

5.2.5　项目审核 158

5.2.6　项目小结 160

5.3　本章小结 160

第 1 章 导 学

本章是入门章节。通过本章的学习，同学们能够对数字 DV 影视制作有初步的了解，也能为后面章节的深入学习打下基础。

1.1 职业应用

1.1.1 就业方向

数字视频和后期制作的就业方向主要面向数码多媒体出版、影视广告拍摄、电视节目制作等应用领域。摄像与后期编辑制作专业人才可以就业于影视公司、广告公司和相关的电视媒体制作单位。

1.1.2 职业前景

在数码信息时代，数码影像成为主流趋势。而随着数码影像设备的日益普及，人们表现出对数码影像的兴趣与渴望，从而为数码影像消费市场提供了大量的职业岗位需求。2003 年原中国广电总局正式推出了《我国有线电视向数字化过渡时间表》，其中明确提出：2015 年停止模拟广播电视的播出。由此将产生 1.5 万亿元的预期产值。另外，随着 3G 网络技术的推广，数字媒体平台的日益成熟，数字视频制作市场的美好前景将不可估量。

近年来，随着数字媒体市场的成熟，数字影视媒体企业制作岗位的执行人才、商业摄影摄像人才、影视后期剪辑制作人才都呈现出向上攀升的需求趋势。行业中有许多的文化传媒公司、影视广告公司都在迫切地寻找符合他们需求的影视制作人才。这些也预示着数字视频拍摄和制作将会迎来更加美好的职业前景。

1.2 新兵训练营

欢迎大家正式加入我们这支专业的影视制作团队。作为一名新成员，我们需要你先通过下面的基础训练科目，只有通过考验你才能正式与团队其他的成员并肩作战哦！

训练任务 电子相册制作

任务情境

某社社长：小周你好，学校即将举行一年一度的校园文化艺术节，届时会有很多精彩的社团文艺节目表演。我们社团编排了一个关于海盗的舞蹈节目，现在希望你能利用视频剪辑软件帮我们制作一个关于海盗主题的电子相册作为节目的背景画面。

小周：那请你说说具体的要求。

某社社长：具体要求是：时长最好不超过 2 分钟，这个电子相册主要是用在我们舞蹈开始部分的背景画面，所以展示一些海盗图片，配上音效即可。最好能把紧张气氛营造起来。

小周：好的，我明白了。

任务分析

1）在此任务中，需要把图片和音乐素材组合编排，并最终形成一个完整流畅的电子相册作品。

2）在此任务中，需要学习运用 Vegas Pro 视音频非编软件进行新建、导入、编辑、输出等基础知识的实践操作。

3）通过任务学习，培养一种规范的视音频处理操作习惯。

任务实施

（1）开启软件

进入 Windows 操作系统，选择"开始"→"所有程序"→"Sony"→"Vegas Pro"选项按钮，单击鼠标左键启动 Vegas Pro 视音频非编软件，如图 1-1 所示。

图 1-1　Vegas Pro 启动界面

软件启动之后，将会出现 Vegas Pro 视音频非编软件工作界面，如图 1-2 所示。

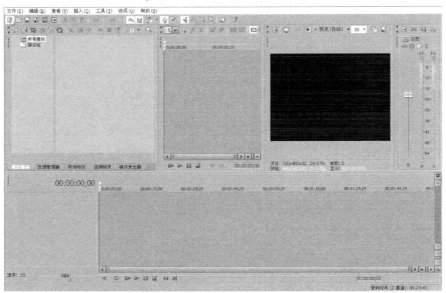

图 1-2　Vegas Pro 视音频非编软件工作界面

（2）新建项目

进入软件工作界面后，首先选择"文件"→"新建"命令，弹出"新建项目"对话框，在对话框内设置模板为 PAL DV（720×576，25fps），帧率为 25（PAL），然后单击"确定"按钮，如图 1-3 所示。

图 1-3　"新建项目"对话框

（3）导入图片素材

在工作界面的菜单栏中选择"文件"→"打开文件"命令，选择本书提供的图片素材（路径：第 1 章 \ 电子相册 \ 加勒比图片），全部选择之后单击"打开"按钮，将图片素材导入"项目媒体"窗口，如图 1-4 所示。

图 1-4　将图片素材导入"项目媒体"窗口

在把素材都导入"项目媒体"选项卡的同时，在下方的"时间线"窗口会自动新建视频轨道，并导入图片素材，如图 1-5 所示。

图 1-5　"时间线"窗口的视频轨道

📢注意

　　导入素材时，素材会以时间指针的所在位置为起点进行导入或播放。所以，若希望素材的开始播放位置在时间线面板的"0"秒处，就必须在操作导入素材之前，先将指针的位置拖到"0"秒处，然后再导入素材，否则会出现素材导入的错位现象。

（4）拖动时间指针

选择时间指针，按住鼠标左键不放移到"时间线"窗口 0s 处，如图 1-6 所示。

图 1-6　拖动时间指针到 0s 处

（5）导入音乐素材

选择菜单"文件"→"打开文件"命令，选择本书提供的音乐素材（路径：第 1 章 \ 电子相册 \ "歌曲串烧编曲 _ 混缩 .mp3"），然后在"项目媒体"窗口会显示导入的音乐素材文件，如图 1-7 所示。

图 1-7　将音乐素材导入"项目媒体"窗口

在把音乐素材都导入"项目媒体"选项卡的同时，在下方的"时间线"窗口会自动新建音频轨道，并导入音乐素材，如图1-8所示。

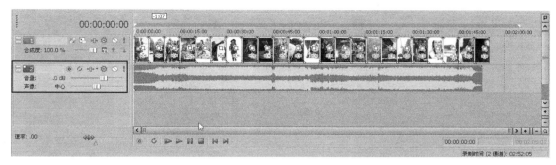

图1-8　"时间线"窗口的音频轨道

（6）设置"视频预览"窗口

选择"视频预览"窗口中的"预览"→"较好"→"自动"命令，可以设置视频的预览画面，提高视频播放预览的画面质量，如图1-9所示。

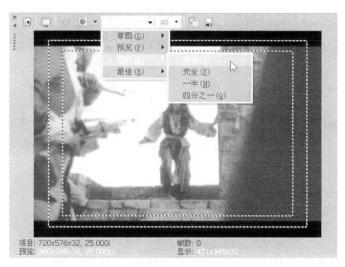

图1-9　设置画面预览质量

🔊 注意

"视频预览"窗口的主要功能是辅助剪辑人员剪辑和预览回放视频。对视频预览画面的质量设置，分为"草图"、"预览"、"较好"和"最佳"4个等级，一般规律是画面质量越好所占用的计算机内存资源就越多，所以工作人员需要根据实际情况来判断选择质量模式。

（7）调整出入点

为了保证最后输出的视频内容是完整的，必须要调整视频出入点，首先将"入点"位置设为"00:00:00"，如图1-10所示。

然后，把鼠标移到"时间线面板"上的"出点"处，当图标变为↔时，按下鼠标左键不放向左移动鼠标至 1:55:03 的位置，如图 1-11 所示。

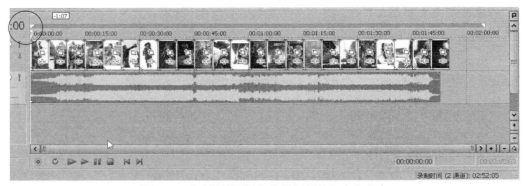

图 1-10　"时间线面板"编辑视频的入点和出点

图 1-11　设置出点位置

📢 注意

在"时间线面板"中，"入点"是指左边视频开始处，"出点"是指右边视频结束处，入点与出点之间的距离是正式输出视频画面的内容长度。

（8）输出渲染

当前期的剪辑工作完成以后，就可以正式输出视频了。首先选择菜单"文件"→"渲染为"命令，如图 1-12 所示。

图 1-12　选择"渲染为"命令

在弹出的"渲染为"对话框中进行设置，如图 1-13 所示。首先选择文件输出保存的路径，然后将文件命名为"加勒比电子相册"，输出格式为"AVI"，最后单击"保存"按钮进行正式输出，如图 1-14 所示。

在弹出的渲染输出对话框上，我们可以通过正在渲染的进度条，判断需要输出的总时长，如图 1-14 所示。

图 1-13 设置保存路径的输出文件名

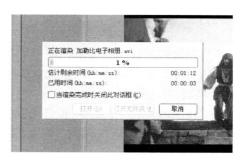

图 1-14 渲染进度条

一个简易的电子相册就这样完成了，最后打开这个完成的视频作品，认真检查预览它的最终效果吧。是不是很有趣呢？相信后面的学习内容会让你更加兴奋。

1.3 本章小结

本章为教材的入门章节，其主要目的是引导同学们初步了解即将接触的职业领域，以及体验相关的岗位技能。

在本章提供的训练任务中，着重围绕电子相册形式的视频制作展开，其中关于面板认知、视频项目新建、音视频输入输出等软件基础技能是本章主要体验的部分。

1.4 实战强化

1.4.1 实战任务 个人形象宣传写真

🔖 任务情境

王女士：你好，是非凡视觉传播公司吗？
公司业务员：是的，请问有什么可以帮您吗？

王女士：是这样的，我准备参加一个交友网站的宣传活动。现在我想把自己的艺术照制作成电子写真，可以吗？

公司业务员：当然可以，请问您有什么具体的要求吗？

王女士：我希望相册中视觉效果华美，充满浪漫温馨气息，最好能设计一个宣传片头。

公司业务员：好的，请问贵姓？

王女士：我姓王。

公司业务员：王女士您好！请将您的素材资料拿到我公司，我们会免费帮您设计几套视频宣传的小样，供您参考。

王女士：那太好了，我马上就去您们公司。

任务分析

1）形象宣传写真其实是一种电子相册形式的多媒体作品，它通过对图、文、声、像的巧妙编排设计，最终可以制作成光盘和网络流媒体的形式进行传播，具有很强的宣传影响力。假如公司将这个任务交由你来完成，你会如何为这个客户设计宣传写真呢？

2）利用客户提供的图片和音频素材，运用 Vegas Pro 视音频非编软件进行整体细致的编辑包装。作品在制作过程中，要抓住顾客的具体要求进行设计，并且需要结合实际播放平台来确定文件输出格式。

3）完成这次任务的过程中，不仅需要强化个人技术，更需要培养个人为客户服务的职业意识。从中尝试寻求一种坚持探索、一丝不苟的工作学习精神。

1.4.2　知识拓展

1．分镜头脚本简介

分镜头脚本（Storyboard）在 19 世纪 30 年代，由"米老鼠"之父——华特·迪斯尼（Walt Elias Disney）最早使用，起初主要用在动画的前期设计制作中，后来发展到拍摄真人电影的片场上也开始使用。据说著名导演希区柯克在拍摄电影前都会提前完成所有的分镜头脚本设计，而到实景拍摄阶段时他只坐在一旁观看，如图 1-15 所示。

图 1-15　华特·迪斯尼正在指导设计人员演绎分镜头脚本的情节

分镜头脚本设计工作主要是在影视制作的前期阶段，由设计人员将抽象的剧本文字转换成形象的故事图画，然后导演根据分镜头脚本的设计构思来拍摄和剪辑影片情节的发展。这样做的好处是可以在实地拍摄与后期剪辑工作环节中，工作人员更加有利于理解导演的设计思想。在数字媒体时代，分镜头脚本的地位在数码影视制作中显得更加重要，尤其类似于美国电影《变形金刚》这样的特效影片，导演和设计人员可以在影片正式拍摄和制作之前，通过设计分镜头脚本来预计具体实施的效果，以致最大可能地避免造成资源投入的浪费，如图 1-16 所示。

图 1-16　分镜头脚本（选自《夏尽·荼蘼》）

2．广播制式

世界上主要使用的电视广播制式有 PAL、NTSC、SECAM 3 种，中国大部分地区使用 PAL 制式，日本、韩国及东南亚地区与美国等欧美国家使用 NTSC 制式，俄罗斯则使用 SECAM 制式。中国市场上买到的正式进口的 DV 产品都是 PAL 制式。

电视信号的标准也称为电视的制式。目前各国的电视制式不尽相同，制式的区分主要在于其帧频（场频）的不同、分解率的不同、信号带宽以及载频的不同、色彩空间的转换关系不同等。

电视制式就是用来实现电视图像信号和伴音信号，或其他信号传输的方法，和电视图像的显示格式，以及这种方法和电视图像显示格式所采用的技术标准。严格来说，电视制式有很多种，对于模拟电视，有黑白电视制式，彩色电视制式，以及伴音制式等；对于数字电视，有图像信号、音频信号压缩编码格式（信源编码）和 TS 流（Transport Stream）编码格式（信道编码），还有数字信号调制格式，以及图像显示格式等制式。

（1）PAL 制式　是 1962 年指定的彩色电视广播标准，它采用逐行倒相正交平衡调幅的技术方法，克服了 NTSC 制相位敏感造成色彩失真的缺点。英国等一些西欧国家，新加坡、中国大陆及香港地区、澳大利亚、新西兰等采用这种制式。PAL 制式中根据不同的参数细节，又可以进一步划分为 G、I、D 等制式，其中 PAL－D 制是我国大陆采用的制式。

（2）NTSC 制式　它是 1952 年由美国国家电视标准委员会指定的彩色电视广播标准，它采用正交平衡调幅的技术方式，故也称为正交平衡调幅制。美国、加拿大等大部分西半球国家以及中国的台湾地区、日本、韩国、菲律宾等均采用这种制式。

（3）SECAM 制式　SECAM 是法文的缩写，意为顺序传送彩色信号与存储恢复彩色信号制，是由法国在 1956 年提出，在 1966 年制定的一种新的彩色电视制式。它也克服了 NTSC 制式相位失真的缺点，而采用时间分隔法来传送两个色差信号。使用 SECAM 制的国家和地区主要集中在法国、东欧和中东一带。

3. 视频格式

视频格式是经过处理之后，运用不同的数字压缩编码后产生的不同数字视频信号。通常运用特殊设备进行采集和输出之后的文件，一般所占空间较大，而通过运用不同的压缩编码之后，就可以尽可能地在保证视频质量的同时也对文件大小进行控制。目前，对数字视频进行压缩编码的方式很多，下面就来看看最常用的几种视频格式。

（1）MPEG 格式　全称为 Motion Picture Experts Group，这类格式包括了 MPEG-1，MPEG-2 和 MPEG-4 在内的多种视频格式。MPEG-1 是大家接触最多的一种视频格式，因为目前它正在被广泛地应用在 VCD 的制作和一些视频片段下载的网络应用上面，大部分的 VCD 都是用 MPEG-1 格式压缩的（刻录软件自动将 MPEG-1 转为 .DAT 格式），使用 MPEG-1 的压缩算法，可以把一部 120min 长的电影压缩到 1.2GB 左右大小。MPEG-2 则是应用在 DVD 的制作上，同时在一些高画面要求的视频编辑和处理上，也有相当多的应用。使用 MPEG-2 的压缩算法压缩一部 120min 长的电影可以压缩到 5 ~ 8GB 的大小（MPEG2 的图像质量是 MPEG-1 无法比拟的）。

（2）AVI 格式　全称为 Audio Video Interleaved，AVI 是由微软公司发布的视频格式，它在视频领域是最悠久的格式之一。AVI 格式调用方便、图像质量好，压缩标准可任意选择，是应用最广泛的格式。

（3）MOV 格式　它是 QuickTime 解码器的专属格式，QuickTime 原本是 Apple 公司用于 Mac 计算机上的一种图像视频处理软件。MOV 格式的编码是比较常用的视频编码，它能在视频压缩比率比较大的情况下，实现高质量画面效果。

（4）ASF 格式　全称为 Advanced Streaming Format，ASF 是 Microsoft 为了和现在的 Real Player 竞争而发展出来的一种可以直接在网上观看视频节目的文件压缩格式。ASF 使用了 MPEG-4 压缩算法，压缩率和图像的质量都很不错。因为 ASF 是以一个可以在网上即时观赏的视频"流"格式存在的，所以它的图像质量比 VCD 差一点儿，但比同是视频"流"格式的 RAM 格式画面要好很多。

（5）WMV 格式　一种独立的编码方式，它是在网络上实时传播多媒体的技术标准。Microsoft 公司希望用其取代 QuickTime 之类的技术标准以及 WAV、AVI 之类的文件扩展名。

（6）3GP 格式　一种 3G 流媒体的视频编码格式，主要是为了配合 3G 网络的高传输速度而开发的，也是目前手机中最为常见的一种视频格式。

（7）FLV 格式　全称为 Flash Video，FLV 流媒体格式是一种新的视频格式。由于它形成的文件极小、加载速度极快，使得网络观看视频文件成为可能，它的出现有效地解决了视频文件导入 Flash 后，由于 SWF 文件体积庞大，而导致不能在网络上流畅播放的缺点。

（8）RMVB 格式　一种由 RM 视频格式升级延伸出的新视频格式，它的先进之处在于 RMVB 视频格式打破了原先 RM 格式那种平均压缩采样的方式，在保证平均压缩比的基础上合理利用比特率资源（即静止和动作场面少的画面场景采用较低的编码速率），这样可以留出更多的带宽空间，而这些带宽会在出现快速运动的画面场景时被利用。这样在保证了静止画面质量的前提下，也大幅地提高了运动图像的画面质量，从而使图像质量和文件大小之间达到微妙的平衡。另外，相对于 DVDrip 格式，RMVB 视频也是有着较明显的优势，一部大小为 700MB 左右的 DVD 影片，如果将其转录成同样视听品质的 RMVB 格式，其个头最多也就 400MB 左右。不仅如此，这种视频格式还具有内置字幕和无需外挂插件支持等独特优点。要想播放这种视频格式，可以使用 RealOnePlayer2.0 或 RealPlayer8.0 加 RealVideo9.0 以上版本的解码器形式进行播放。

（9）HDTV 格式　全称为 High Definision TV，它是 DTV 标准中质量最优的一种高清晰视频格式。DTV 是一种数字电视技术，它的数字信号传播速率可以达到 19.39MB/s，如此大的数据流传输速度保证了数字电视的高清晰度。目前，HDTV 有 3 种显示规格，分别是：720P（1 280×720P，非交错式），1 080i（1 920×1 080i，交错式），1 080P（1 920×1 080i，非交错式），其中网络上流传的 720P 和 1 080i 最为常见。

第2章 摄像灯光助理岗位

当我们在进行摄影摄像工作时，能够很好地控制光源、利用光源是能否顺利完成客户项目的基本条件。因此，影视制作机构就不能忽视灯光助理这个岗位。这个岗位的主要职责是承担摄像摄影活动中灯光辅助的工作，本章即是对这个岗位的培训与引导。

职业能力目标

- ⊙ 识别使用常规支撑设备
- ⊙ 识别使用常规灯光设备
- ⊙ 针对室内摄像布光
- ⊙ 针对户外摄像布光

2.1 岗前培训手册

2.1.1 设备操作指导

1. 灯架部分

灯架主要是为了给所拍摄的物体打上不同强度的灯光，而提供的固定支架帮助一类的器材。灯架可以保证灯光照明的平稳性，通常在室内摄影时使用。灯架的品种繁多，整体上分为脚轮式、折叠式、旋转式和魔术腿式4种，如图2-1所示。

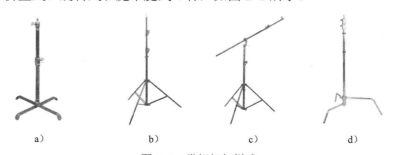

a)   b)   c)   d)

图2-1　常规灯架样式
a) 脚轮式　b) 折叠式　c) 旋转式　d) 魔术腿式

由于它们的功能有所不同，所以一般在正式布光之前，必须要结合实际需要考虑选择灯架的样式，见表2-1。

表 2-1　灯架功能介绍

序　号	灯架分类	功 能 简 介
1	脚轮式	本灯架能按照摄像工作的现场需求，灵活移动
2	折叠式	本灯架是最可靠牢固的一种支架，也是平时最常见的一种
3	旋转式	本灯架的优点表现为灵活快捷地进行高度和角度的调整
4	魔术腿式	本灯架最能适应不规则的凹凸地面情况进行工作

（1）操作步骤说明

1）架设灯架。灯架都能收缩或折叠。首先展开灯架的三角支撑脚，锁紧后才能进行下一步的收缩伸展。

2）安置灯具。在检查灯架安装牢固后，在灯架上插入灯具，并且调整好灯具照射角度后马上锁紧。

3）提升支撑杆。首先拉出安装灯具的那节最细的支撑杆，拉到一定高度后锁紧；再依次拉出第二节，再锁紧，以此类推。

4）回收灯架。回收灯架时，要与架设安置步骤反向操作。由于在回收支撑杆时灯具还在灯架上，因此要先抓紧支撑杆后，才能松开固定螺钉慢慢放下。防止灯架突然滑落造成灯具损坏。

（2）操作注意事项

1）灯架的三角支撑脚要尽量伸展，保证支撑的牢固。

2）由于灯架伸展越高会越不稳定，轻微的碰撞或遇到风吹都可能导致翻倒，因此建议在灯架的底部用沙袋或其他重物加以巩固。

2. 灯具部分

电影灯具是为达到特定的艺术效果和满足胶片感光的需要，在电影摄制中所使用的照明和效果灯具。电影灯具与电影光源的发展紧密相关，互相促进，如图 2-2 所示。

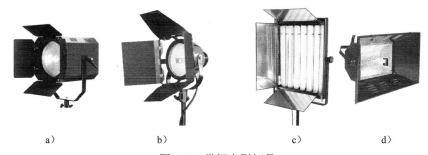

a)　　　　　　　b)　　　　　　　c)　　　　　　　d)

图 2-2　常规电影灯具

a）菲涅尔聚光灯　b）卤钨灯　c）三基色柔光灯　d）散光灯

电影灯具通常分为常用灯具和效果灯具。常用灯具主要包括聚光灯和泛光灯。效果灯具主要包括追光灯、水浪效果灯、雨雪效果器和闪电效果器等，其功能见表 2-2。

表 2-2　灯具功能介绍

序　号	灯具分类	功 能 简 介
1	聚光灯	理想的局部照明灯具，可用于人物的主光、逆光、造型光等 包括：菲涅尔聚光灯、回光灯、卤钨灯等。其中菲涅尔聚光灯是影视制作中应用最广泛的聚光灯具

（续）

序　号	灯具分类	功 能 简 介
2	泛光灯	理想的大面积照明灯具，常用于人物的辅助光、表演区的基本光以及天幕光等。包括散光灯和柔光灯
3	效果灯	用于在晚会舞台上制造各种奇特的灯光效果，烘托环境、渲染气氛

（1）操作步骤说明

1）灯具角度调整。

2）照射范围的遮挡。在聚光灯灯口框架上，一般装有可旋转的4片（或2片）遮光扉页，其作用是可以人为地通过调整扉页的闭合程度限制光照的面积，通过扉页的转动控制遮光角度。

3）照射光束的调整。聚光灯背面有一个旋转按钮，通过对按钮顺逆时针的旋转，实现对光束的汇聚或者扩散。

（2）操作注意事项

1）在进行灯具的上下转动时，尽量避免过陡的角度照射，例如，朝天照或朝地照。因为过陡的角度容易使灯泡的灯丝变形，造成灯泡寿命缩短。

2）照明要佩带防护手套，以免烫伤。

3．电光源部分

将电能转化为光能，并产生可见光的光源设备叫做电光源。例如，我们生活中常见的日光灯，就是一种电光源。在电影摄像领域里，常见的电光源如图2-3所示。

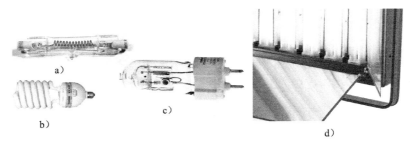

图2-3　常见的电光源
a）散光灯泡　b）白炽灯泡　c）金属卤化物灯泡　d）三基色荧光灯管

电光源可以分类热辐射光源和气体放电光源两种，其功能见表2-3。

表2-3　电光源功能介绍

序　号	光源分类	功 能 简 介
1	热辐射	这类电源主要包括：白炽灯泡和卤钨灯泡。其中，卤钨灯泡是影视照明的主要光源，多用在聚光灯和一些散光灯上，拍摄人物与静物的近景修饰照明
2	气体放电	这类电源主要包括：金属卤化物灯泡和三基色荧光灯管。其中，金属卤化物灯泡常用于模仿日光等强烈的光源；三基色荧光灯管是一种低温光源，常用于演播室与摄影棚等空间照明

（1）操作步骤说明

1）聚光灯灯泡装卸。首先，在聚光灯灯体内的灯座上，用电工工具松开两个固定螺钉，然后取出灯泡进行更换。如果你装卸的是透镜聚光灯，则分为前罩门式和后开门抽屉式两种结构。对于前罩门式聚光灯，只要按下锁扣后端，即可开启前罩门，进行灯泡替换。对于后开门抽屉式聚光灯，则要先按下后门锁扣，打开后在抽屉口上捏紧双向插销，慢慢将抽屉拉出，再进行灯泡替换。

2）散光灯灯泡装卸。管状灯的接电头设在灯管的两端弹簧片处。首先，手持灯管对准灯座接口的一头，将灯管一头接触吻合后横向匀速慢慢推开弹簧片。推到能放下灯管的距离后，再对准另外一头慢慢松开。然后检查是否完全安装成功（捏住灯管轻轻来回转动，顺畅表示安装成功），确定安装成功后才能连接电源。

（2）操作注意事项

1）装卸灯泡前，必须保证电源处于断开状态。

2）汗水或油腻的东西会影响灯泡和灯管的发光效率，导致灯的寿命缩短。因此在装卸灯泡和灯管时，要佩戴手套进行操作。

3）如果灯泡在使用过程中突然损坏，则要在冷却后，才能进行装卸，以免烫伤。

2.1.2　岗前实训指导

任务 1　校园新闻采访——新闻灯照明

任务情境

新闻事件的拍摄由于其地点和时间的不定性，所以在面对复杂的现场和环境时，灯光助理必须懂得灵活地利用不同的照明方式高效、准确地将灯光布置好，以保障采访工作在良好的光线下有效进行。

今天，校园电视台将要对同学们进行新年愿望的新闻采访，由于采访地点在每个同学的教室内，不仅场地需要转换多处，而且有些教室的光线很昏暗，所以摄像师要求随行的灯光助理小李能够帮忙解决。

摄像师：小李，今天你跟我一起出任务。

小李：好的，今天的任务有什么具体的要求吗？

摄像师：今天的任务内容是随机到教室采访同学，可能拍摄的场地环境会灵活多变。

小李：是这样呀，那估计光源环境会比较复杂。

摄像师：有办法吗？

小李：没问题，我带新闻灯上场，一切搞定！

摄像师：别忘了准备好电源线板。

小李：放心，我会的。

任务分析

1）根据任务实际情况，需要随时变换拍摄地点和对象，照明设备要尽量方便携带，并且可以通过简单的安装和连接解决现场的光线问题。

2）学习新闻灯的规范操作，以及灯光布置技巧。

3）注重良好的操作习惯和职业道德培养。

任务实施

1）按照提供的清单，准备照明器材，如图 2-4 所示。
手持照明器材清单见表 2-4。

a）   b）   c）

图 2-4　手持照明器材
a）新闻灯　b）电源线板　c）防护手套

表 2-4　手持照明器材清单

序　号	设　　备	应 用 简 介
1	500W 新闻灯一支； 灯光电源线一根	新闻灯体积小，质量轻，光照范围大，所以是携带外出拍摄的常用灯具
2	电源线板一块	视实际情况需要使用多孔多用型的电源线板；线板的电线长度在 3 ～ 6m 为最佳；从安全角度考虑，建议准备有防雷功能的线板
3	防护手套一副	建议使用防滑电功能的手套

2）组装新闻灯。首先，将手柄的安装插头插入新闻灯的安装插座接口内，然后将灯具上的固定旋钮拧紧。

3）连接新闻灯电源线。通常灯具的电源插件都是专用的，新闻灯也同样如此。连接时一定要确认电源线与新闻灯接口已经插牢。

4）连接电源线板。将电源线板的三脚插头正式插入离拍摄地点最近的电源插座处。然后将电源线板放到布光的位置。最后将新闻灯接入电源线板上。

▶◀))注意

> 新闻灯在插入电源线板前，最好先关闭新闻灯上的电源开关，这样有利于保护灯泡。在牵引电源线的时候，尽量不要让电线相互交错缠绕，而且要用胶布将电线固定在地面上，避免产生意外。

5）确认拍摄对象。安排好被拍摄者的具体位置。拍摄者的背景尽量不要杂乱，最好能体现出本次采访的相关主题内容。

6）选位布光。确认好拍摄者方位后，手持新闻灯站在被拍摄者侧前方 3 ～ 4m 处，准备照明。

7）正式照明。先将新闻灯面朝地面打开灯光，然后角度朝天空 30° ～ 45° 慢慢抬起转向被拍摄对象，进行照明。

▶◀))注意

> 要避免近距离或直接面向对方打开灯光，否则会让被拍摄者视觉上和心理上受到刺激和干扰。另外，也会由于光线太强而导致对象轮廓被破坏。所以，建议最好先将新闻灯面向地面开启，然后再利用灯光的 30° ～ 45° 余光或者反光来对被拍摄对象进行打光。

8）结束照明。新闻任务完成后，先关闭灯光电源，然后拔掉电源。待灯管冷却后才能对新闻灯进行拆卸。最后将相关器材装入工具袋中。

9）清洁现场。如果给采访现场留下用到的胶布等残留垃圾，是一种没有职业道德的表现，所以，在收拾完所有工具后，请务必将现场进行简单的清洁。

任务评价表

1）请同学们两人为一组，以 1 人扮演灯光师，1 人扮演布光对象，2 人相互配合布光，并轮流进行训练。最后，小组之间将进行技术评比活动。

2）评委组由其他小组代表组成。各小组的最终得分，应该由该小组的自评以及评委组给出的分值总和统计得出，见表 2-5。

表 2-5　任务评价表

小组名称：＿＿＿＿＿组员名单：＿＿＿＿＿评委签名：＿＿＿＿＿

评价目标	项目内容	学生自评			评委考评		
		3	2	1	3	2	1
知识与技能目标	正确准备照明器材						
	规范组装新闻灯						
	规范连接新闻灯电源线						
	规范连接电源线板						
	正确选位布光						
	开启照明方法流程规范						
	结束照明方法流程规范						
过程与方法目标	组织合作意识						
	沟通活动意识						
	解决问题意识						
	交流表达意识						
	操作安全意识						
情感态度与价值观目标	是否建立良好团队情感						
	是否建立良好职业道德						
统计分值		分			分		
请登记该小组实际完成任务总时长							

任务 2　校园新闻采访——架设灯照明

任务情境

很多情况下在布置采访现场灯光时，不仅需要对拍摄主体进行照明，也需要通过布置环境光源来实现现场光线的层次感，特别是拍摄类似于多人的会议室、舞台等全景画面的场景。这个时候灯光的稳定性非常重要，而善于活动拍摄的手持新闻灯是没有办法保证这些要求的。所以，灯光人员就需要选择通过灯光架设设备来固定灯光，以此实现多光源的架设布光。

下午校园电视台要在校长办公室进行采访拍摄，摄影助理小李准备带着新闻灯上场，摄影师老张阻止了他。

老张：小李，你怎么拿个新闻灯就去了？

小李：上次采访同学我就这样打光的，效果还可以啊。

老张：那不是受环境条件不固定所限，才用新闻灯的嘛。今天的任务就在校长办公室，我们要保证采访时的光线更有层次感。

小李：哦！我明白了，那我去准备架设灯。

任务分析

1）根据任务实际情况，现场架设布置多盏固定照明，搭配环境与主体的布光效果。

2）学习聚光灯的规范操作，主次灯光效果的搭配，以及灯光架设技巧。

3）注重良好的操作习惯和职业道德培养。

任务实施

1）按照提供的清单，准备照明器材，见表2-6。

表2-6 架设照明器材清单

序 号	设 备	应 用 简 介
1	500W聚光灯两支	聚光灯的光照范围大小，光源强弱都可以根据需要进行调节，是室内拍摄的常用灯具
2	灯光电源线两根	负责灯光的电源供应
3	可移动灯架两个	灯架起到固定支撑灯光的作用，灯架的可移动性更便于现场灯光师调整光源布置效果
4	电源线板一块	视实际情况需要使用多孔多用型的电源线板；线板的电线长度在3～6m为最佳；从安全角度考虑，建议准备有防雷功能的线板
5	防护手套一副	建议使用具有防滑功能的手套

2）确定照明场地。建议拍摄场地在 $50m^2$ 面积以上。

3）确定灯光位置。根据现场设计布光位置。建议灯光距离拍摄主体3～4m，如图2-5所示。

图2-5 灯光布置图

4）架设灯架。展开灯架三角支撑脚，然后依次调整高度，并锁紧支架链接处（包括脚轮）。

5）安装灯具。双手捧住灯具，将灯具的安装链接口插入灯架的安装衔接处，安装好灯具后，扭紧环扣螺钉，最后确认灯具是否安装牢固。

6）调整灯具水平角度。根据拍摄主体方向，调整水平角度，并将角度固定。

7）调整灯具垂直角度。调整灯具的垂直角度，并将角度固定。

8）调整遮光扉页。将聚光灯的遮光扉页全部打开。

9）调整灯架支撑杆。将灯具的高度提升到略高于一人的高度，并锁紧。

10）连接电源。将灯光电源线连接上插线板，并确认处于通电状态。

11）打开照明。开启灯光后，调节光束调焦旋钮，使得照明范围为最大化。

12）确认布光。布光完成后，正式邀请拍摄主体入场，随后要根据情形适当微调灯光效果。

📢注意

多光源布光，需要确保灯光的主次强弱效果，以及照射角度。请同学们参考"知识拓展"部分关于多源灯光的布光技巧。

🖋任务评价表

1）请同学们两人为一组，以 1 人扮演灯光师，1 人扮演布光对象，2 人相互配合布光，并轮流进行训练。最后，小组之间将进行技术评比活动。

2）评委组由其他小组代表组成。各小组的最终得分，应该由该小组的自评以及评委组给出的分值总和统计得出，见表 2-7。

表 2-7　任务评价表

小组名称：＿＿＿＿＿　组员名单：＿＿＿＿＿　评委签名：＿＿＿＿＿

评价目标	项目内容	学生自评			评委考评		
		3	2	1	3	2	1
知识与技能目标	正确准备照明器材						
	规范组装聚光灯						
	规范连接聚光灯电源线						
	规范连接电源线板						
	正确选位布光						
	开启照明方法流程规范						
	结束照明方法流程规范						
过程与方法目标	组织合作意识						
	沟通活动意识						
	解决问题意识						
	交流表达意识						
	操作安全意识						
情感态度与价值观目标	是否建立良好团队情感						
	是否建立良好职业道德						
统计分值		分			分		
请登记该小组实际完成任务总时长							

任务3 校园新闻采访——反射光照明

任务情境

在外景拍摄中，对灯光电源的供应往往受到限制。所以，布光人员要懂得利用户外的自然光线的反射光来对拍摄主体进行光线补偿。其中合理地运用反光板就是一种最实用的户外布光手法。今天我们要在校园里进行一次人物外景采访，需要用到反光板进行采访布光。

老张：小李，明天我们要去户外拍摄，你准备好灯源了吗？

小李：放心好了，我在看明天的天气情况。

老张：明天的任务很多，看你不紧不慢的样子，你准备带些什么灯光设备去呢？

小李：看把你紧张成这样。好吧，我告诉你，我看过明天的天气预报了，是晴转多云，我打算带反光板就行了。

老张：我可不信，要不你现在就操作一下让我看看效果。

小李：没问题！你看好吧。

任务分析

1）本任务将学习反光板的运用方法，了解和掌握反射光的运用规律和技巧。

2）注重良好的操作习惯和职业道德培养。

任务实施

1）按照提供的清单，准备照明器材，见表2-8。

表2-8 反光板照明器材清单

序　号	设　备	应 用 简 介
1	500W聚光灯一支	聚光灯的光照范围大小，光源强弱都可以根据需要进行调节，是室内拍摄的常用灯具
2	灯光电源线一根	负责灯光的电源供应
3	可移动灯架一个	灯架起到固定支撑灯光的作用，灯架的可移动性更便于现场灯光师调整光源布置效果
4	电源线板一块	视实际情况需要使用多孔多用型的电源线板；线板的电线长度在3～6m为最佳；从安全角度考虑，建议准备有防雷功能的线板
5	防护手套一副	建议使用具有防滑功能的手套
6	折叠式反光板一块	适用于灵活折射布光

2）反光板练习。

①确定拍摄主体位置，要求被拍摄对象处于户外逆光状态。

②确定反光板方位，布光人员手持反光板，站在被拍摄者前侧方大约1～1.5m的距离，反光板面朝被拍摄者的方向，将光线反投到拍摄主体，如图2-6所示。

③调整反光，当折射光投到被拍摄主体上后，可以根据需要调整光线的强弱和范围，这时要注意反光效果对被拍摄主体的造型细节的塑造。

3）室内反光练习。

①确定拍摄主体位置，要求被拍摄对象处于室内白墙 1 ～ 2m 的位置，如图 2-7 所示。

②架设聚光灯，在墙与拍摄主体的另外一侧架设聚光灯，如图 2-7 所示。

图 2-6　户外反光板布置图　　　　　　　图 2-7　室内反光布置图

③连接电源，开启灯光。

④调节灯光高度，灯光的高度要高于被拍摄者的高度。

⑤调节灯光角度，将灯光对准墙面直接照射，并通过调节聚光灯上的扉页来避免光线对被拍摄主体产生直接照射。

⑥调节灯光强度，按需要通过调节灯具上的光束调焦旋钮来设置灯光的强度。

⑦通过对灯光反射的不同角度来观察反射光线对被拍摄主体造型产生的变化。

任务评价表

1）请同学们两人为一组，以 1 人扮演灯光师，1 人扮演布光对象，2 人相互配合布光，并轮流进行训练。最后，小组之间将进行技术评比活动。

2）评委组由其他小组代表组成。各小组的最终得分，应该由该小组的自评以及评委组给出的分值总和统计得出，见表 2-9。

表 2-9　任务评价表

小组名称：_____　组员名单：_____　评委签名：_____

评价目标	项目内容	学生自评			评委考评		
		3	2	1	3	2	1
知识与技能目标	正确准备照明器材						
	规范组装聚光灯						
	规范连接聚光灯电源线						
	规范连接电源线板						
	正确选位布光						
	开启照明方法流程规范						
	结束照明方法流程规范						
过程与方法目标	组织合作意识						
	沟通活动意识						
	解决问题意识						
	交流表达意识						
	操作安全意识						
情感态度与价值观目标	是否建立良好团队情感						
	是否建立良好职业道德						
统计分值		分			分		
请登记该小组实际完成任务总时长							

2.2 实战引导手册

2.2.1 经典案例

经典战争剧——《兄弟连》

导演：史蒂文·斯皮尔伯格
出品：美国梦工场娱乐公司
上映日期：2003 年

2.2.2 实训项目 宣传片灯光布置

项目情境

本周公司同时接到两个广告宣传的招标项目，分别为：某公司手机产品的宣传片和某学校的形象大使宣传片。

因为现在两家客户都对自己想要的产品效果没有太具体的思路，但是又想让公司先拿出一套成熟的产品形象效果。公司考虑到这些情况，就要求你所在的设计部门针对其中的一个项目拍摄出 2 ～ 3 套有关产品主体的布光效果分镜头。两天后提交给客户，为下一步制作方案的制定工作做好铺垫。

小李：手机产品的宣传片和形象大使宣传片的布光要求完全不一样，一个要突出产品的质感，而另外一个更要突出人物的形象，这可要费我一番脑筋了。

老张：公司就是要考验你和你的组员的布光技术。

小李：我要和我的组员好好商量一下，怎样才能达成客户的布光需求。

项目分析

1）对宣传产品的灯光布置是否成功，关键要看是否能很好地把握光线的特性来塑造被拍摄产品的整体造型以及主体细节表现。这需要灯光师结合实际情况适当选择布光方式，甚至是将多种布光方式相互结合应用。

2）需要掌握各类灯光器材、照相机、打印机等设备的规范操作。

3）布光过程中要善于帮助客户设计不同的产品效果，所以与摄影师之间、客户之间都要保持良好的沟通。整个任务的执行过程是训练个人职业素质的过程。

项目实施

现在请各个工作小组按照以下步骤开展你们的工作。

（1）组员确定　建议小组成员不能超过 4 人，选定一名组长。

（2）项目单确定　按照你们小组的意愿，从 A 项目和 B 项目两者中挑选其一，然后按照项目单的要求完成具体工作，见表 2-10。

表 2-10　项目单

项目单 A——《手机产品布光效果分镜头》	
客　　户	吉基宝电子科技有限公司
制作要求	①布光要求突出工业产品本身的质感表现
	②布光要求强调工业产品本身的关键细节
	③布置好灯光后，拍摄产品的整体效果和局部效果
	④为了保证效果，建议利用软件进行后期调色
	⑤利用打印机打印出效果
主要工具	照相机、灯光设备、打印机、计算机，以及 Photoshop 软件
项目汇报	48 小时后
项目单 B——《形象大使布光效果分镜头》	
客　　户	宜欣商务职业技术学校
制作要求	①选拔出一名形象气质健康向上，符合学校宣传形象的广告模特
	②制定为模特拍摄的布光方案
	③布置好灯光后，拍摄模特不同风格照片 2～3 套
	④为了保证效果，建议利用软件进行后期调色
	⑤利用打印机打印出效果
主要工具	照相机、灯光设备、打印机、计算机，以及 Photoshop 软件。
项目汇报	48 小时后

（3）项目分工　在你们团队领到任务的第一时间，组长召集所有成员对项目的基本情况进行沟通，并且就接下来的工作如何开展进行商榷和分工。最终制定出一个执行计划来指导后面工作的开展。

（4）项目要求

1）拍摄器材主要包括：照相机、灯光设备、计算机、打印机，以及图形图像加工软件。

2）两个项目中，将由公司给你们小组挑选一个进行完成。虽然客户最终只需要确定一套方案的效果，但是我们小组应该提供至少 2～3 套效果给客户作为对比和参考的依据。不要认为提供多套方案会给自己添加麻烦，其实同时提供多套风格的方案，能帮助你尽快摸清客户想要的效果，提高你们小组的工作效率，从而保证高质量完成任务。

3）布光实施过程要注重客户对产品宣传的基本要求，可以参考"2.2.3 知识拓展"里的相关技术信息。

4）拍摄过程中建议选择从多个最佳角度拍摄，必须要有整体和局部的角度。适当的时候可以尽量考虑如何把产品的环境营造出来。

5）最初拍摄的照片想要实现更好的效果，都少不了后期软件对其修饰和调整。所以，建议运用 Photoshop 这类专业图像软件进行色彩对比度，以及色调的调节。

（5）第一次汇报　团队中挑选出代表，在项目招标会上，展示和解说你们团队的方案。并且听取客户（老师 / 同学）的反馈意见。

（6）项目效果调整　获得客户反馈后，团队需要马上根据客户的修改意见进行修改，作品甚至可能会被客户全部推翻，这就是在制作社会项目中非常残酷也是很平常的现象。所以如果你们的得意之作被否决，大家可千万不要气馁。相信你们能突破自己，并且会比之前做得更加出色。

（7）第二次汇报　与前次汇报反馈一样，认真听取大家的意见。与上次不同的是，在已经满足上次客户要求的前提下，你们小组要尽量提出自己对方案的想法和建议。努力引导客户从专业的角度来考虑方案效果。当然，如果客户坚持自己的想法，我们也只能按照他们的要求做，因为"客户永远都是上帝"。

（8）交付终稿方案　经过多次反复商榷和修改后，请用 A4 尺寸正式排版和打印终稿方案，如果大家认可了你们小组的方案效果，你们的团队就成功了。

项目绩效考评

各个小组的项目完成得怎么样了？现在让我们利用手中的考评表格来给其他小组进行一次绩效考评吧，见表 2-11。

各位负责考评的同学请注意，该表格中的 A 指标交由客户（教师）方进行填写，B 指标交由学生进行填写，绩效总分交由指导教师填写。填写完毕后要求签字确认分值的真实性和有效性。

表 2-11　项目绩效考评表

小组名称：＿＿＿＿　组员名单：＿＿＿＿

汇 报 时 间	客户反馈评价内容	自 评 标 准	
第一次汇报 （　年　月　日）		组长能认真负责	5
		组员分工平均合理	10
		团队讨论学习充分	5
第二次汇报 （　年　月　日）		操作规范，没有常识性错误	10
		满足项目单的制作要求	15
		作品有自己的设计想法	5
第三次汇报 （　年　月　日）		能同时提交两套以上方案	10
		能尊重客户意见及时修改	10
		能准时完成验收项目	10
完成总费时： （　　　天）	A 指标：尊敬的客人，本公司这次为您提供的服务是否满意？请在相关选项上进行勾选： 不满意 □ 满意　　□ 很满意 □ ▲不满意 0 分 ▲满意为 5 分 ▲很满意为 15 分 客户签名：	B 指标：小组根据自己的表现进行评分 自评得分	
绩效总分：（A 指标 +B 指标）			

2.2.3　知识拓展

1. 两点式布光法

两点式布光主要利用一盏主光灯和一盏辅光灯，针对拍摄主体进行布光。两点式布光是最常用的一种针对个体的布光形式。在现实拍摄中，布光人员都会利用环境光替代辅光灯的工作。

2. 三点式布光法

三点式布光是指同时运用三种灯光进行不同功能的光线设置，为拍摄主体实施形象化的照明。其中，三种基本灯光分别为主光、辅助光和逆光。三点式布光法常用于对人物的拍摄，如图 2-8 所示。

1）主光：是布光的主体光源，主要用于模仿自然光对主体的直接照射来确定被摄主体的形态，形成主体基本的光影结构。

2）辅助光：也称为"环境光"，一般设置在主体左右侧面30°～45°位置，主要用于模仿环境对主体的反射光源，从而减弱被拍主体的阴影部分的对比强度，增强主体的立体感与空间层次感。需要注意的是在设置辅助光时，强度不能强过主光源，否则会破坏整体的效果。

3）逆光：也称为"轮廓光"，一般设置在主体后方上下45°的位置，主要用于衬托主体，分离拉开主体与背景的距离，从而勾画出主体的轮廓。

图 2-8　三点式布光法

3. 多点式布光法

多点式布光主要用于复杂场景的布光，在多点布光的环境中主光源可能会有不止一个的情况。所以，在整体布光设计时应该注意场景的层次表现，同时更要注意拍摄主体时的布光主次。总之，多点式布光是在三点式布光原理的基础上的综合运用，多应用于各类影视、舞台、实景艺术领域中。

2.3　本章小结

本章主要是面向各种婚庆公司、影楼以及中小型工作室等影视制作机构的灯光岗位。内容分为两个部分："岗前培训手册"部分主要介绍了有关摄像灯光器材的操作以及布光的入门技巧，如，手持灯照明、架设灯照明、反光板照明等技能；"实战引导手册"部分则是借鉴商业实战项目内容，引导同学们学习掌握摄像灯光助理岗位的职业意识、道德与方法。

同学们，在项目实践过程中是不是发现自己还有很多关于布光的问题想去深入了解呢？其实很多专业高手的技巧除了埋头苦练外，与同行们切磋技艺也是非常重要的，如果你能主动查阅相关的专业资料与书籍，那就更好了。只有这样你才可能在布光技巧方面有更加丰富的收获。

第 3 章　摄像师岗位

摄像师是影视艺术的主要创作者之一，从理解剧本到实施拍摄，都需要摄像师具备良好的影视拍摄素质以及理解沟通能力。摄像师岗位是一个实战技能性很强的岗位，本章将带领大家熟悉这个岗位。

职业能力目标

> ⊙ 识别 DV 设备和支撑辅助设备
> ⊙ 规范拍摄操作流程
> ⊙ 掌握构图技巧
> ⊙ 掌握不同镜头拍摄技巧

3.1　岗前培训手册

3.1.1　设备操作指导

1. DV 简介

摄像机是电视节目拍摄过程中用于记录动态影像的重要设备，按照视频记录信号方式区分，摄像机目前可以分为数字信号与模拟信号两大类。记录数字信号的摄像机也被称为数码摄像机（Digital Video），简称为 DV 摄像机。

随着个人数码时代的来临，DV 摄像机日益普及，如今它已经正式进入到了千家万户，在日常生活中 DV 摄像机早已经成为了人们存留美好记忆的必要伙伴。同时，随着 DV 视频技术的不断更新，数字视频也被广泛运用在影视艺术、电视广播、广告拍摄等专业领域。

（1）DV 摄像机特点

1）清晰度高。模拟摄像机记录模拟信号，其水平清晰度为 240 线，而最好的机型也只有 400 线。而 DV 摄像机记录的则是数字信号，其水平清晰度已经达到了 500 线以上。

2）色彩纯正。DV 的色度和亮度信号带宽差不多是模拟摄像机的 6 倍，而色度和亮度带宽是决定影像质量的最重要因素之一，因而 DV 拍摄的影像的色彩就更加纯正和绚丽。

3）无损复制。DV 磁带上记录的信号可以无数次地转录，影像质量丝毫也不会下降，这一点也是模拟摄像机所望尘莫及的。

4）体积小重量轻。与模拟摄像机相比，DV 机在体积、重量方面都有大幅度减少。一些家用型 DV 产品甚至与一部手机的大小一样。

（2）数码摄像机分类

摄像机按照专业级别分类可以分为：广播级机型、专业级机型、消费级机型，如图 3-1 所示。

图 3-1　不同级别的数码摄像机

a）广播级机型　b）专业级机型　c）消费级机型

每种级别的数码摄像机其功能应用领域也有所不同，所以必须根据实际需求来考虑选择购买，见表 3-1。

表 3-1　摄像机功能介绍

序　号	摄像机类型	功　能　简　介
1	广播级机型	这类机型主要应用于广播电视领域，常用在电视台节目录制，以及影视制作。这种机型清晰度、信噪比、图像质量等性能都很优秀，所以，购买费用会较高，而且体积较大
2	专业级机型	这类机型由于体积较小，便于户外专业拍摄，所以常应用在新闻采访、会议记录、婚庆典礼拍摄等专业领域。专业级摄像机的画面质量可以达到高清标准，而且购买费用会比广播级摄像机要便宜许多
3	消费级机型	这类机型主要适合家庭使用，俗称 DV 机。因为它体积小，重量轻，操作简单，非常便于家庭携带外出旅游使用。一般常用于质量要求不高的场合，例如，家庭聚会、生活娱乐等方面

（3）数码摄像机基本组成

专业级别摄像机的基本组件包括镜头、话筒、机身、取景器、电池盒等，如图 3-2 所示。

图 3-2　摄像机基本组成部分

2．摄像支撑设备简介

对于摄像工作，保证拍摄画面的稳定清晰是非常重要的。所以，在条件允许的前提下，摄像师要尽量使用一些摄像支撑设备作为辅助。这些支撑设备常用到的有：三脚架、独脚架、肩托，如图 3-3 所示。

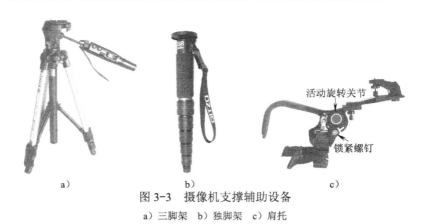

图 3-3　摄像机支撑辅助设备

a）三脚架　b）独脚架　c）肩托

　　三脚架、独脚架、肩托是日常拍摄工作中，摄像师最常用到的支撑设备。但是，这三种支撑设备在应用上也有着不同的功能区别，摄像师需要根据实际需要来判断选择使用哪种支撑设备，见表 3-2。

表 3-2　支撑设备功能介绍

序　号	支 撑 设 备	功　能　简　介
1	三脚架	在一个固定的拍摄点进行长时间的拍摄，就一定要使用三脚架。在三脚架上摄像机可以进行简单的上下左右的摇动拍摄。三脚架各部位组件的品质非常重要，因为它们不仅具备稳定拍摄的功效，更是摄像机设备安全保障的关键
2	独脚架	因为独脚架具备较好的固定效果，而且其操作灵活、轻巧、携带方便。所以，常用于类似新闻采访这样的走动式拍摄
3	肩托	肩托可以将摄像机的重量均匀分布在肩部，腰部和手臂部分，其自身的缓冲设计可以实现较好的减震稳固的效果，最重要的是它可以让摄像师毫不吃力地移动拍摄地点，以及自由转换拍摄角度。所以常常用于拍摄影视作品这类的工作中

3. 存储介质简介

　　在数字视频拍摄时，必须涉及原始拍摄素材的存储问题。目前记录介质慢慢由录像带转换到闪存卡的趋势。同时还出现了直接记录音视频文件的光盘、硬盘等，如图 3-4 所示。

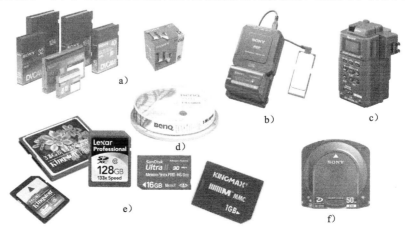

图 3-4　常用存储介质

a）数字记录磁带　b）硬盘记录单元　c）CF 卡记录单元　d）普通 DVD 刻录光盘　e）存储卡　f）SONY 专业记录光盘

　　数码摄像机的存储介质有很多，而且优缺点各有不同，大致可以分为：磁带式、光盘式、硬盘式和存储卡式 4 种类型，见表 3-3。

表 3-3　存储媒介简介

序　号	介质类型	功能简介
1	磁带式	优点：磁带媒介造价低，且存储数据安全性较高 缺点：磁带数据需要通过 1394 线进行采集后才能转换成数据信号，而且视频画面采集耗时必须与拍摄时长形成 1:1 的比例，所以在效率表现上较慢。另外，磁带存储媒介耗损率比较高，一些价格低的磁带对摄像机会造成损害
2	光盘式	优点：通用性强，使用寿命长，有内容保护功能等 缺点：目前市面上不管是广播级摄像机，还是消费级摄像机都有了可以使用可擦写蓝光 DVD 光盘为记录介质的机型，但是光盘记录还是有自身的局限性，例如，不易携带
3	硬盘式	优点：能够长时间拍摄记录视频，而且通过 USB 连线与计算机直接连接，即可轻松快速地完成视频素材采集 缺点：防震性差
4	存储卡式	优点：存储速度快、可以反复使用、防震性高以及便于携带等，是未来市场的发展趋势 缺点：目前数码摄像机存储卡介质主要有 SM 卡、CF 卡、XD 卡、SD 卡、MMC 卡、SONY 记忆棒。当前主流的存储容量分为 8GB、16GB、32GB、64GB，所以，通用性和存储容量有待提高以及价格昂贵是它当前面临的主要缺陷

3.1.2　岗前实训指导

任务 1　拍摄规范——手势训练

任务情境

某企业为了丰富企业员工的业余生活，决定成立摄影工作室，并采购一批摄像机，今天采购部经理来到摄像机专卖店。

销售员：您好，有什么需要我帮忙的？

采购部经理：我想购买一批摄像机。

销售员：好的，您看这款专业摄像机怎么样？

客户：挺好的，还挺重的，这款摄像机我们在使用时该如何保证画面更加稳定呢？

销售员：保持拍摄画面的稳定性是摄像者要练习的第一基本功。要能保障其拍摄的画面质量，您就必须先学习掌握正确的拍摄手势。接下来让我给您仔细介绍一下吧……

任务分析

1）在这个任务中，对于初学摄影的朋友，都不会如何正确拿设备。因此我们需要训练不同摄像机的正确手势。

2）训练中不仅需要学习基础操作，更需要培养学生标准规范的操作习惯。

任务实施

（1）准备拍摄的设备

准备好专业级摄像机、家用 DV 摄像机和广播级摄像机，如图 3-5 所示。

图 3-5　拍摄设备

（2）专业级摄像机拍摄手势训练

右手姿势：右手握紧摄像机手柄，并用腕带固定（根据自己手大小调节松紧），拇指控制摄像机拍摄按钮，食指和中指控制变焦镜头按钮。手、肩部、肘部形成三角支撑，增强持机的稳定性，如图 3-6 所示。

手、肩部、肘部形成三角支撑，增强持机的稳定性　　　拇指控制拍摄按钮　　　食指和中指控制变焦镜头按钮

图 3-6　右手姿势

注意

摄像机的腕带松紧程度应该根据自己手掌的大小来调节。腕带太松会导致摄像机滑落，太紧又会导致拍摄手势不灵活，影响拍摄效果。所以，建议腕带的松紧程度适中为最好。

左手姿势：左手的职责是进行焦距、景深等工作的相关调节。另外左手可以辅助摄像机的平衡和稳定，如图 3-7 所示。

图 3-7　左手姿势

📢 **注意**

> 对于初学者常常容易犯的错误是单手持机拍摄，这样是不正确的持机手势，如图 3-8 所示。

图 3-8　正确姿势（左）错误姿势（右）

📢 **注意**

> 拍摄小朋友和小动物等比较矮小的对象时，要将液晶屏翻盖打开，向上旋转 45° 左右，以便摄像师监视画面。同时，摄像师右手应该手持摄像机手柄位置，用拇指控制镜头变焦。左手轻轻托住摄像机底部，稳定机器进行拍摄，如图 3-9 所示。

图 3-9　低角度拍摄姿势

（3）消费级 DV 机拍摄手势训练

家用 DV 数码摄像机因为其机型轻巧，用一只手就能轻松进行拍摄，所以很多人简化了它的持机要领。其实摄像机越小越不利于拍摄中的稳定控制，所以，建议在操作家用型 DV 时一定要用双手操作，即右手负责托机，左手负责固定右手手腕，保持拍摄画面平衡稳定，如图 3-10 所示。

图 3-10　正确姿势（左）错误姿势（右）

（4）广播级摄像机拍摄手势训练

广播级摄像机由于体积偏大，所以常用肩扛的姿势把控机器，其基本拍摄手势与前面要求一致，如图 3-11 所示。

图 3-11　肩扛式数码摄像机正确姿势

（5）结束拍摄

拍摄完毕后，结束收拾的环节也是非常重要的，其规范操作步骤为：

1）首先确定已经关闭摄像机电源。

2）盖上镜头盖，取下电源。

3）将摄像机以及其他组件依次放入专用的摄像机包内和工具袋中。

4）收拾现场，确保现场的还原与整洁。

任务评价表

首先，请同学们两人为一组，相互配合训练。一个人拍摄，另一个人作为观察员，观看拍摄的那位同学在操作、拍摄过程中有哪些优点和不足并做记录。最后，小组之间将进行技术评比活动。

评委组由教师和学生代表组成。各小组的最终得分，应该由该小组的自评以及评委组给出的分值总和统计得出，见表 3-4。

表 3-4　任务评价表

小组名称：_____　　组员名单：_____　　评委签名：_____

一 级 指 标	二 级 指 标		审　核　团			指 导 教 师		
			3	2	1	3	2	1
知识与技能目标	设备准备	摄像设备清点检查正确 1 分 检查电池是否电量充足 1 分 设备安装合理 1 分						
	摄像操作规范	摄像机右手姿势正确 1 分 摄像机左手姿势正确 1 分 低角度拍摄姿势正确 1 分						
	其他操作规范	拍摄操作步骤完整 1 分 拍摄操作流程规范 1 分 设备有效保护 1 分						
过程与方法目标	组织沟通	小组成员有沟通 1 分 观察员观察并记录问题 1 分 小组积极配合及有效 1 分						
	交流合作	小组成员有交流，且效果明显 1 分 协作意识强，且效果明显 1 分						

（续）

一 级 指 标	二 级 指 标	审 核 团			指 导 教 师		
		3	2	1	3	2	1
情感态度与价值观目标	正确人生观	组员相互尊重 1 分 尊重师长 1 分 尊重课堂 1 分					
	正确价值观	能坚持不懈，无畏辛苦，主动训练 2 分 建立良好职业道德 1 分					
统计分值		分			分		
请登记该小组实际完成任务总时长							

任务 2　拍摄规范——站姿训练

任务情境

今天同学们和老师第一次到公园进行户外采风拍摄。来到公园后，面对不同的拍摄对象，该如何选择拍摄位置和规范站姿拍摄，小李和同学们都带着这样的疑问请教周老师。

学生：周老师，我们现在拍摄的时候同学站姿都不一样，有双脚并拢的、有前倾的、有半蹲的，五花八门。到底拍摄时哪种姿势比较正确呢？

周老师：针对不同高度的被拍对象应选择不同的站姿，大多数情况下摄影者都需要站立着工作，所以如何保持正确的拍摄站姿是避免长时间劳累和保障稳定画面的基本素质。

学生：那拍摄时，我们具体应该如何站姿呢？

周老师：来！老师示范，你们跟我学。

任务分析

1）在本任务中，主要训练同学们户外拍摄时的正确站姿。

2）摄影站姿是一切标准的基础，学生必须在训练中磨练意志，养成良好的操作习惯。

任务实施

（1）准备拍摄的设备　专业级别摄像机一台（含电池）。

（2）安装摄像机　将摄像机电池安装在电池槽内。

（3）确定拍摄位置　要抓住理想的画面，摄影师要学会选择拍摄位置：

①首先选择地势相对较高点进行拍摄。

②选择平坦地面，切忌在凹凸不平的地面进行拍摄。

③拍摄人物时，尽量与拍摄主体保持 3～5m 范围内进行拍摄。

（4）正确站姿

站立拍摄时应该注意地面的凹凸情况。身体站直，双腿自然分立（双脚距离约与肩同宽），脚尖稍微向外分开。身体重心平衡稳定，尽量避免身体前倾或后仰的情况。正确站姿如图 3-12 所示，错误站姿图 3-13 所示。

图 3-12　正确站姿　　　　　　图 3-13　错误站姿

◀))) **注意**

在没有三脚架等辅助器材的情况下，摄影师可以适当借助树干、墙壁等固定物来作为协作支撑点，这样既能保证稳定拍摄，也可以减少因为长时间拍摄而导致的身体疲劳。

（5）结束拍摄

规范的操作步骤为：

1）首先确定已经关闭摄像机电源。

2）盖上镜头盖，取下电源。

3）将摄像机以及其他组件依次放入专用的摄像机包内和工具袋中。

4）收拾现场，确保现场的还原与整洁。

任务评价表

首先，请同学们两人为一组，一个同学做模特兼观察员，注重观察拍摄同学站姿情况是否正确。另一个同学拍摄，相互轮换。最后，小组之间将进行技术评比活动。

评委组由教师和学生代表组成。各小组的最终得分，应该由该小组的自评以及评委组给出的分值总和统计得出，见表 3-5。

表 3-5　任务评价表

小组名称：_____　组员名单：_____　评委签名：_____

一级指标	二级指标	审核团			指导教师		
		3	2	1	3	2	1
知识与技能目标	设备准备	摄像设备清点检查正确 1 分 检查电池是否电量充足 1 分 设备安装合理 1 分					
	操作规范	基本站姿正确 1 分 灵活选择拍摄方位 2 分					

34

（续）

一级指标	二级指标		审　核　团			指　导　教　师		
			3	2	1	3	2	1
知识与技能目标	其他操作规范	拍摄操作步骤完整 1 分 拍摄操作流程规范 1 分 设备有效保护 1 分						
过程与方法目标	组织沟通	小组成员有沟通 1 分 观察员仔细并记录问题 1 分 小组积极配合及有效 1 分						
	交流合作	小组成员有交流，且效果明显 1 分 主动协作，合作意识强 1 分						
情感态度与价值观目标	正确人生观	组员相互尊重 1 分 尊重师长、虚心学习 1 分 尊重课堂、遵守户外拍摄要求 1 分						
	正确价值观	能坚持不懈，无畏辛苦，主动训练 2 分 建立良好职业道德 1 分						
统计分值				分			分	
请登记该小组实际完成任务总时长								

任务 3　拍摄规范——摄像机操作训练

任务情境

学生：老师，为什么我们的摄像机总是出错？

曾老师：数码摄像机是精密的光学电子设备，其操作必须严格规范。估计是因为你们对操作不熟悉导致出错。

学生：是的，我们刚买的摄像机，很多操作都还很陌生呢。

曾老师：在摄像师拍摄规范训练中，摄像机的启动和操作是必不可少的基础训练科目。

学生：那有哪些科目是我们需要学习的呢？

曾老师：具体的训练科目包括设置摄像机、Mini DV 磁带安装、SD/SDHC/P2 存储卡安装、架设摄像机、启动拍摄、整理装备等。

学生：老师，我可不想拍摄时总犯错。

曾老师：呵呵，那就让我们开始训练吧！

任务分析

1）熟悉摄像机的基本操作，是对摄像师的基本要求；针对一年级未使用过摄像设备的学生应进行细致讲解。

2）通过针对摄像机的基本参数设置、Mini DV 磁带与存储卡安装等训练，实现能快速且正确操作专业摄像机。

3）学生熟悉设备的使用和管理的同时，培养爱护设备的职业素养。

任务实施

（1）设置摄像机

1）首先安装电池。

2）开启电源，将 POWER 开关设定为"ON"状态，如图 3-14 所示。

拨动按钮处于"NO"状态为开机，"OFF"状态为关机

拨动电池按钮安装和拆卸电池

图 3-14　开关机操作

注意

户外拍摄无外接电源时，需带备用电池，电池需在拍摄前一天检查电量是否充足，尽量预防和避免中途拍摄过程中由于电量不足而导致无法拍摄的情况出现。

3）设置拍摄制式。首先按下 MENU 菜单按钮，在 LED 显示屏上会显示摄像机菜单内容，如图 3-15 所示。然后，选择"场景文件"→"胶片摄像机"；"帧频"设置为 25FRAME。接着，选择"记录设置"→"720P/25P"作为记录格式。最后，再次按下 MENU 菜单按钮，设置完毕。

图 3-15　摄像机 MENU 菜单

（2）Mini DV 磁带安装

1）确认关闭摄像机电源，将 POWER 开关设定为"OFF"状态。

2）Mini DV 磁带安装，拨动摄像机磁带仓开启按钮，磁带仓自动弹出。等待磁带仓完全开启后，将磁带放入，然后关闭磁带仓门，如图 3-16 所示。

磁带舱开启按钮　　磁带反面朝内放入

图 3-16　磁带安装

◀))注意

　　在对磁带的后期采集中，工作人员必须要清楚磁带的采集信息。所以，建议将未采集过的磁带白孔朝上，并贴上注明标签，以代表磁带中包含的影像信息。

　　3）启动摄像机电源，将 POWER 开关设定为"ON"状态。
　　4）倒带操作。先将摄像机切换到视频预览模式，然后选择倒退按钮将磁带倒退到开始的 0s 处，以保证拍摄能从磁带开始端进行画面记录。

◀))注意

　　磁带的倒带工作，建议在拍摄前全部进行完毕。有效率的方法是借用外设录放设备来统一进行倒带操作，例如：SONY 公司的小型高清录放机就是很好的外设录放设备。

　　（3）SD/SDHC/P2 存储卡安装
　　1）确认关闭摄像机电源，将 POWER 开关设定为"OFF"状态。
　　2）按下卡槽盖，滑动仓盖以将其打开。
　　3）确保存储卡置于正确方向的同时插入该卡。
　　4）关闭卡槽盖。
　　（4）架设摄像机
　　1）选择最佳拍摄位置架设三脚架。
　　2）调试三脚架高度，摄像机高度与自己视觉水平高度平行。
　　3）调试三脚架水平。
　　4）安装摄像机到三脚架上，先将三脚架云台与摄像机底座扭紧，然后扣插至三脚架云台卡槽中，如图 3-17 所示。

图 3-17　架设摄像机

　　（5）启动拍摄
　　前面的准备拍摄工作就绪后，就可以正式启动拍摄了。
　　1）启动摄像机电源，将 POWER 开关设定为"ON"状态。
　　2）检查摄像机是否处于待机模式，模式指示灯（CAM）红色亮起。
　　3）按住 OPEN 按钮，翻开 LED 监视器。
　　4）将 AUTO/MANUAL 开关切换到 AUTO 以选择自动模式。

注意

  AUTO自动模式，是一种智能化的拍摄模式。它可以让摄像机的焦距、增益、光圈和白平衡参数根据实际拍摄环境被自动调节。

  5）按下POWER开关的记录/停止按钮（一般为红色），正式启动拍摄。

  6）拍摄1min后，再次按下POWER开关的记录/停止按钮，停止拍摄。

  7）确认关闭摄像机电源，将POWER开关设定为"OFF"状态。

  8）检查模式指示灯（CAM）熄灭后，取出磁带或存储卡。

注意

  模式指示灯（CAM）熄灭后，才能取出存储卡，否者会导致存储卡的损坏，数据丢失。

  （6）整理装备

  1）确认关闭摄像机电源，将POWER开关设定为"OFF"状态。

  2）盖好镜头盖。

  3）取下电源。

  4）整理分类装包。

  5）拆装三脚架。

  6）清点设备，整理现场。

任务评价表

  首先，请同学们两人为一组，一个同学做观察员，注重观察拍摄同学操作摄像机是否规范，另一个同学操作，相互轮换。最后，小组之间将进行技术评比活动。

  评委组由教师和学生代表组成。各小组的最终得分，应该由该小组的自评以及评委组给出的分值总和统计得出，见表3-6。

表3-6　任务评价表

小组名称：＿＿＿＿＿＿　组员名单：＿＿＿＿＿＿　评委签名：＿＿＿＿＿＿

一级指标	二级指标		审 核 团			指 导 教 师		
			3	2	1	3	2	1
知识与技能目标	设备准备	摄像机电池安装1分 磁带/存储卡安装1分 摄像机参数设置1分						
	操作规范	基本站姿正确1分 三脚架安装1分						
	其他操作规范	拍摄操作步骤完整1分 拍摄操作流程规范1分 拍摄结束设备整理规范1分						
过程与方法目标	组织沟通	小组成员有沟通1分 观察员观察仔细并记录1分 小组积极配合及有效1分						
	交流合作	小组成员有交流，且效果明显1分						

（续）

一级指标	二级指标		审核团			指导教师		
			3	2	1	3	2	1
情感态度与价值观目标	正确人生观	组员相互尊重 1 分 尊重师长 1 分						
	正确价值观	主动认真训练 1 分 建立良好职业道德 1 分						
统计分值			分			分		
请登记该小组实际完成任务总时长								

任务 4　拍摄技巧——固定拍摄训练

任务情境

小李：曾老师，怎么才能让拍摄的视频画面稳定而有序呢？

曾老师：作为初学者，你首先要知道什么是固定拍摄。

小李：固定拍摄？

曾老师：是的，固定镜头是指摄像机在机位、光轴、焦距这 3 个不变的条件下（画框不变）拍摄的连续的影视画面。固定拍摄是影视拍摄中最基本，也是最实用的拍摄技巧。所以熟练掌握了固定拍摄的技巧，是摄影师走进影视摄像艺术殿堂的第一步。

小李：哦，原来如此。那要如何训练自己，才能很好地掌握固定镜头的拍摄呢？

曾老师：首先要按照"承重平衡""静中动""构图""景别"和"入出画"这 5 个方面进行训练，最重要的是平日里能持之以恒地不断练习。

小李：那就赶紧开始吧。

任务分析

1）学习固定拍摄的方法和技巧，着重围绕"承重平衡""静中动""构图""景别"和"入出画"5 个方面进行训练。

2）训练以头脑风暴的形式追求量化达标，然后再实现能力的质化提升。

3）注重培养良好的镜头感。

任务实施

（1）承重平衡训练

固定拍摄过程中，保证画面的稳定性是拍摄工作的第一位。在没有三脚架等稳定的辅助器材帮助的情况下，摄影师的身体和心理素质必须能够保证手持摄像机也能做到平稳拍摄。

1）准备一块红砖，平衡托起至胸前，手势如图 3-18 所示。

2）手持拍摄时应双脚自然分开站立（如果蹲下拍摄，要蹲到底，不要似蹲非蹲），屈肘贴身。

3）呼吸要平稳（必要时屏住呼吸），在一个拍摄点固定拍摄时，可以利用身旁的栏杆、墙壁、石凳、地面和树干等作为辅助支撑，稳住身体和机器。

图 3-18　承重平衡训练

📢 **注意**

如果手持机器拍摄，应尽量利用广角镜头稳定性强的特点，使用镜头的广角端拍摄，而远距离徒手持机用镜头的长焦端拍摄很难取得稳定的画面效果。

（2）静中有动拍摄训练

毕竟摄像中的动态影像与照相中的静态影像是有本质区别的。固定拍摄虽然是在摄像机处于静态的状态下拍摄影像，但是绝对不能将画面拍成一种定格的照片，这样的画面会非常没有生气。所以，理想的固定拍摄应该是注意捕捉动态因素，有意识地利用微风中摇曳的花朵、小河中嬉戏的鸭鹅或是背景中来往走动的人物来活跃画面。努力做到整体上是静的，局部又是动的，静中有动，动静相宜，这样固定拍摄的画面才能更加活跃生动。

1）要求完成 50 个固定镜头拍摄。

2）拍摄画面必须要具备"静"的元素，也要具备"动"的元素。

3）拍摄画面主体要突出，且不能重复雷同。

（3）构图训练

1）九宫格构图：九宫格构图又叫三分法构图，是构图的基本规则，该构图使用两条水平线和垂直线将画面分成 9 个大小相等的部分，其中这 4 条线的相交点为画面的自然交点，井字的 4 个交叉点就是趣味中心，在中心块上 4 个角的点，用任意一点的位置来安排主体位置。实际上这几个点都符合"黄金分割定律"，黄金分割法则是最佳的位置。如图 3-19 所示。

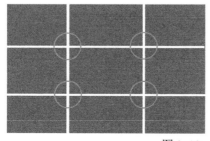

图 3-19　九宫格构图

◀》注意

在拍摄时，把画面的主体放在黄金分割点或是黄金分割线上，这样更符合人的审美习惯，以达到突出主体并让画面更协调的目的，还应考虑平衡、对比等因素。这种构图能呈现出画面的变化与动感，使画面富有活力。

2）中心构图：是把拍摄主体置于画面的中心位置，主体形象突出，它是人像摄影中最基本的构图方法。突出人物的时候可以采用这种最直接的方式，如图 3-20 所示。

图 3-20　中心构图

3）水平线构图：在摄影作品中，经典的水平线就是地平线，地平线在画面中必须与画面的上下边缘平行，否则画面就会产生视觉倾斜的效果。地平线在画面上纵向移动会为整个画面的视觉感受带来影响。

地平线在画面上方，增强画面构图的深度关系，有深远感，有宏观视觉效果，在拍摄地貌为主的风景画面时多用此方法。

地平线在画面下方，增强画面构图的广度（横向空间）关系，有宽广感和天高地远感，如图 3-21 所示。

图 3-21　水平线构图

◀》注意

在摄影构图中忌讳横线从中心穿过。一般情况下，可上移或下移躲开正中心位置或摄影中所说的"破一破"就是在横线某一点上安排一个形态，使横线断开一段，通常地平线处于黄金分割位置。

4）三角形构图：该构图中物体所呈现出来的三角形可以是实际存在的物体外形，也可以是视觉上的三角形结构。三角形构图具有稳定、均衡、灵活等特点。构图中的三角形可以是正三角形、斜三角形或者倒三角形，其中斜三角形较为常用，也较为灵活，如图 3-22 所示。

图 3-22　三角形构图

5）倾斜构图：该构图突破了一些传统的端正相机平衡构图取景，采取有意改变取景的视觉效果，达到令人耳目一新的影像感受。常用来表现运动、流动、倾斜、动荡、失衡、紧张、危险、一泻千里等场面。有时画面利用斜线也起到一个固定导向的作用，如图 3-23 所示。

图 3-23　倾斜构图

6）S 形构图：S 形构图体现的是被拍摄物体的一种曲线美，具有突出美感，使画面产生活跃气氛的效果。S 形构图通常有两种：一种是画面中的主体轮廓线构成 S 形，在画面中起主导作用，这种构图以人物摄影构图为主，用 S 形构图拍摄女性时，可体现女性的柔美；另一种是在画面结构的纵深关系中，形成的 S 形延伸，在视觉顺序上对观众视线产生由近及远的引导，常表现 S 形小路、河流等，如图 3-24 所示。

图 3-24　S 形构图

🔊注意

　　S 形构图在一般的情况下，都是从画面的左下角向右上角延伸，形成 S 形形状。

　　以上构图练习请同学们依次进行，每种构图拍摄不能少于 30 个画面，且构图主体内容不能重复。

　　（4）景别训练

　　景别是指由于摄像机与被拍摄物体的距离不同，而造成被拍摄物体在电影画面中所呈现出的范围大小的区别。景别一般分为 5 种，由近至远分别为特写（人体肩部以上）、近景（人体胸部以上）、中景（人体膝部以上）、全景（人体的全部和周围背景）、远景（被拍摄物体所处环境）。在电影中，导演和摄像师利用复杂多变的场面调度和镜头调度，交替地使用各种不同的景别，可以使影片剧情的叙述、人物思想感情的表达、人物关系的处理更具有表现力，从而增强影片的艺术感染力。

　　1）特写镜头，如图 3-25 所示。

　　2）近景镜头，如图 3-26 所示。

图 3-25　特写镜头　　　　　　　　　　图 3-26　近景镜头

　　3）中景镜头，如图 3-27 所示。

　　4）全景镜头，如图 3-28 所示。

图 3-27　中景镜头　　　　　　　　　　图 3-28　全景镜头

　　5）远景镜头，如图 3-29 所示。

图3-29 远景镜头

以上景别练习请同学们依次进行，每种景别拍摄不能少于20个画面，且拍摄内容不能重复。

（5）入画出画训练

入画出画用固定镜头表现横向运动或对角线运动的对象时，常常这样处理：要在运动对象入画前就按下录制按钮，等到运动物体出画后再结束录制，这样的目的是完整记录了运动主体入画——行进——出画的全过程。如果运动主体还没有出画就停止录制，观众感觉还没有结束，视觉上会不舒服。

1）要求完成5个入画出画的固定镜头拍摄。

2）拍摄画面必须要包含主体入画——行进——出画的全过程。

3）建议利用不同构图方式来有创意地练习入画出画。

任务评价表

首先，请同学们两人为一组，相互配合训练。最后，小组之间将进行技术评比活动。

评委组由教师和学生代表组成。各小组的最终得分，应该由该小组的自评以及评委组给出的分值总和统计得出，见表3-7。

表3-7 任务评价表

小组名称：_____   组员名单：_____   评委签名：_____

一级指标	二级指标		审 核 团			指 导 教 师		
			3	2	1	3	2	1
知识与技能目标	操作规范	正确选择拍摄位置 1.5 分						
		摄像机操作规范 1.5 分						
	构图训练	九宫格构图 0.5 分						
		中心构图 0.5 分						
		水平构图 0.5 分						
		三角形构图 0.5 分						
		倾斜构图 0.5 分						
		S 形构图 0.5 分						
	景别训练	特写镜头 0.5 分						
		近景镜头 0.5 分						
		中景镜头 0.5 分						
		全景镜头 0.5 分						
		远景镜头 0.5 分						

（续）

一级指标	二级指标		审核团			指导教师		
			3	2	1	3	2	1
过程与方法目标	组织沟通	组织能力较好 1.5 分 沟通协调能力较好 1.5 分						
	交流合作	全员参与 1.5 分 交流充分且有效 1.5 分						
	创新能力	具备创新意识 1.5 分 持之以恒能力 1.5 分						
情感态度与价值观目标	正确人生观	组员相互尊重 1 分 尊重师长 1 分						
	正确价值观	是否具备积极向上的学习价值观 2 分 是否能坚持不懈，无畏辛苦 1 分						
统计分值					分			分
请登记该小组实际完成任务总时长								

任务 5　拍摄技巧——运动拍摄训练

任务情境

小张：老师，昨天我拍摄马路上的汽车时，发现固定拍摄镜头应用得太多，总会给人一种刻板的印象，还有更加灵活的拍摄方法吗？

曾老师：当然有，运动拍摄就可以。

小张：运动拍摄？可是我一旦让镜头移动，就会发现拍摄的画面晃动得非常厉害。

曾老师：固定镜头受到画框的限制，其画面表现的范围很有限，运动拍摄恰恰弥补了它的缺陷。它的优势突出表现在对运动轨迹范围较大的，复杂、曲折的环境和空间的拍摄。在拍摄运动镜头时，合理选择应用推、摇、移、跟、甩等运动拍摄技巧，可以解决和避免你说的情况。

小张：是不是掌握了推、摇、移等这些技巧，就算学会运动拍摄了？

曾老师：基本上是的，但运动镜头的拍摄技巧，是摄影师在实践中根据需求而灵活搭配的，所以需要大量的训练和经验积累才可以将运动拍摄的技巧运用到游刃有余。

小张：好的，谢谢老师。

任务分析

1）掌握推、拉、摇、移、甩等运动镜头技巧。

2）训练以头脑风暴的形式追求量化达标，然后再实现能力的质化提升。

3）注重培养良好的镜头感。

任务实施

（1）推镜头　推镜头简称"推"，这种运动方式指摄像机沿光轴方向向前移动拍摄。

画面效果表现为同一对象由远至近或者从一个对象到另一个对象的变化，使观众有视线前移的感觉，在一个镜头内，可以了解到空间整体与局部变化关系，主体与后景、环境关系。如图 3-30 所示。

> 推镜头是由远景推向近景，由远及近的变化过程，重点突出后面出现的局部

图 3-30　推镜头

🔊注意

　　在拍摄推镜头时，推镜头前先以固定镜头停留 2～3s 作为起幅，结束时再停留 2～3s 作为落幅，让观众看清楚拍摄对象开始和结束的画面，也是为了后期剪辑方便，以匀速推镜头，避免时推时停的现象，快速推进画面可以通过剪辑软件实现。推镜头要表现的目标应很明确，切勿边推镜头边找目标。

　　（2）拉镜头　和推镜头正好相反。这是摄像机不断地远离被拍摄对象，指摄像机沿光轴方向向后移动拍摄，画面产生逐渐远离被拍摄主体或从一个对象到更多对象的变化，在同一个镜头内，渐次了解到局部与整体的关系。

　　（3）摇镜头　摇镜头是摄像机的位置不动，只有机身做上下、左右、旋转等运动，改变拍摄的方向和范围，犹如人们转动头部环顾四周或将视线由一点移向另一点的视觉效果，摇镜头的作用使对观众要表现的场景进行逐一的展示，产生巡视环境、展示规模的艺术效果。

　　摇镜头可以分为左右摇、上下摇，也可以斜摇。摇镜头把内容表现得有头有尾、一气呵成，因而要求开头和结尾镜头画面的目的很明确，从一定的被拍摄目标摇起，结束到一定的被拍摄目标上，并且两个镜头之间一系列的过程也应该是被表现的内容。如图 3-31 所示。

> 摄像机不动，镜头变动拍摄的方向，通过左右、上下、斜摇方向改变拍摄主体

图 3-31　摇镜头

（4）移镜头 摄像机在空间范围内，按一定方向移动所拍摄的画面。无论被摄主体在空间内是否运动，移动拍摄都会造成画面的视觉变化。

移动拍摄多为动态构图。当被拍摄物体呈现静态效果时，摄像机移动，使景物从画面中依次划过，造成巡视或者展示的视觉效果；被拍摄物体呈现动态时，摄像机伴随移动，形成跟随的视觉效果。还可以创造特定的情绪和气氛。

移动镜头运动按照移动方向大致可以分为横向移动和纵深移动。按移动方式可分为跟移和摇移。

移动镜头的作用是为了表现场景中的人与物，人与人，物与物之间的空间关系，或者把一些事物连贯起来加以表现。移镜头和摇镜头有相似之处，见表3-8。

表3-8 移镜头和摇镜头的相似之处

序 号	运动镜头	特点简介
1	摇镜头	摇镜头是摄像机的位置不动，拍摄角度和被拍摄物体的角度在变化，适合于拍摄远距离的物体
2	移镜头	移镜头是拍摄角度不变，摄像机本身位置移动，与被拍摄物体的角度无变化，适合于拍摄距离较近的物体和主体

（5）跟镜头 指摄像机跟随运动着的被拍摄物体进行拍摄。跟拍使处于动态中的主体在画面中保持不变，而前后景也会在不断地变换。这种拍摄技巧既可以突出运动中的主体，又可以交代物体的运动方向、速度、体态以及其与环境的关系，使物体的运动保持连贯，有利于展示人物在动态中的精神面貌。

（6）甩镜头 甩镜头又称"闪摇镜头"，是指速度极快地摇摄镜头。摇摄中产生的画面影像几乎是一片模糊的效果。有多种闪摇形式：从一个景物闪摇到另一个景物，旋转地闪摇；有起幅而无落幅的闪摇等。这样的拍摄技巧用以说明内容突然过渡到在同一时间内而在不同场景所发生的并列情景，还可以代替人物主观视线，表现眩晕等效果。如图3-32所示。

图3-32 甩镜头

除了以上这些基础运动镜头技巧以外，还有一些特殊效果的运动拍摄技巧，例如，升降镜头、旋转镜头、晃动镜头等。这也说明运动镜头的技巧使用不是一蹴而就的，并且，所有的运动镜头在实际拍摄中也不是孤立使用的，它们通过摄像师的灵活应用，相互配合，才能构成最终丰富的镜头效果。

🔊 注意

运动拍摄的操作基本要领是："平"、"稳"、"匀"、"准"。即在运用运动拍摄技巧时要做到平衡、稳定、匀速、准确这4个标准。

任务评价表

首先，请同学们两人为一组，相互配合训练。最后，小组之间将进行技术评比活动。

评委组由教师和学生代表组成。各小组的最终得分，应该由该小组的自评以及评委组给出的分值总和统计得出，见表 3-9。

表 3-9　任务评价表

小组名称：_____　组员名单：_____　评委签名：_____

一 级 指 标	二 级 指 标		审 核 团			指 导 教 师		
			3	2	1	3	2	1
知识与技能目标	操作规范	正确选择拍摄位置 1.5 分 摄像机操作规范 1.5 分						
	运动镜头训练	推镜头 0.5 分 拉镜头 0.5 分 摇镜头 0.5 分 移镜头 0.5 分 跟镜头 0.5 分 甩镜头 0.5 分						
过程与方法目标	组织沟通	组织能力较好 1.5 分 沟通协调能力较好 1.5 分						
	交流合作	全员参与 1.5 分 交流充分且有效 1.5 分						
	创新能力	具备创新意识 1.5 分 持之以恒能力 1.5 分						
情感态度与价值观目标	正确人生观	组员相互尊重 1 分 尊重师长 1 分						
	正确价值观	建立良好职业道德 1 分 具备积极向上的学习价值观 1 分						
统计分值					分			分
请登记该小组实际完成任务总时长								

3.2　实战引导手册

3.2.1　经典案例

第 83 届奥斯卡最佳影片——《国王的演讲》

导演：汤姆·霍伯
主要奖项：第 83 届奥斯卡最佳影片、最佳导演、最佳男主角、最佳原创剧本四项大奖
上映日期：2010 年

经典影片——《霸王别姬》

导演：陈凯歌
主要奖项：1994 年金球奖（Golden Globe）最佳外语片

上映日期：1993 年

3.2.2　实训项目 1　会议现场单机拍摄

项目情境

某单位要开个学术研讨会议，需要请摄影公司对会议进行全过程拍摄。

小吴：您好，亮华摄影工作室。请问有什么需要帮忙的？

某单位：您好，我们公司将在周三下午在华天世纪酒店多功能会议厅开学术报告会议，想请你们工作室帮我们全程拍摄，并制作成视频。

小吴：好的，请问此次会议的时长是多少？

某单位：一共 2 小时，一台摄像机全程拍摄就可以了。

小吴：好的，我们会安排好拍摄人员准时到达。

项目分析

1）会议现场拍摄讲求实时记录，主要角色突出，会议信息详尽完整。

2）单机位拍摄技巧训练，突出如何结合固定拍摄与运动拍摄技巧的综合运用。

3）拍摄从提前定位、沟通和实施的整个过程中，注重培养学生的职业意识与习惯。

项目实施

项目小组按照以下实施步骤正式开展工作。

（1）组员确定

项目组组长一名（负责项目监控、协调沟通工作）、摄像师一名、摄像师助理一名、剪辑师一名。

（2）项目单

根据项目单的要求完成具体工作，见表 3-10。

表 3-10　项目单

项目单——《学术研讨会会议纪实》	
客　　户	
制作要求	①全程记录学术研讨会会议过程 ②要求重点拍摄重要来宾发言 ③变化角度和景别拍摄
主要工具	专业摄录机 1 台、三脚架 1 个、拍摄磁带 5 盒
项目时长	2 小时

（3）前期准备工作

在团队领到任务的第一时间，项目组长召集所有成员对项目基本情况进行沟通，把客户的制作要求和收集的资料告诉制作团队，并且就接下来的工作如何开展进行商榷和分工。

最终制定出一个执行计划从而指导后面工作的开展。

（4）准备拍摄设备　专业摄录一体机、三脚架 1 个。

🔊 注意

学术研讨会时长 2 小时，建议使用外接电源拍摄，保证拍摄过程中电量充足，准备电源线板一个，多备用磁带。

（5）拍摄前沟通工作

提前到拍摄活动场地实地踩点，根据会议场地找好最佳的拍摄位置，与客户沟通了解会议过程中领导和学术专家发言的位置及整个会议流程等，如图 3-33 所示。

图 3-33　摄像机位置

（6）实施拍摄

在拍摄过程中，按照客户要求全程记录整个学术研讨会，并在领导和学术专家发言时重点拍摄，并通过推、拉、摇、移等拍摄方式变化景别，丰富拍摄画面。

📣 项目绩效考评

各个小组的项目完成得怎么样了？现在让我们利用手中的考评表格来给其他小组进行一次绩效考评吧，见表 3-11。

各位负责考评的同学请注意，该表格中的 A 指标交由客户方进行填写，B 指标交由学生进行填写，绩效总分交由指导教师填写。填写完毕后要求签字确认分值的真实性和有效性。

表 3-11　项目绩效考评表

小组名称：＿＿＿＿＿＿＿　　组员名单：＿＿＿＿＿＿＿

汇 报 时 间	客户反馈评价内容	自 评 标 准	
第一次汇报 （　年　月　日）		组长能认真负责	5
		组员分工平均合理	10
		团队讨论学习充分	5
第二次汇报 （　年　月　日）		操作规范，没有常识性错误	10
		满足项目单的制作要求	15
		作品有自己的设计想法	5

（续）

汇 报 时 间	客户反馈评价内容	自 评 标 准	
第三次汇报 （　年　月　日）		积极主动和客户沟通记录相关修改意见	10
		能尊重客户意见及时修改	10
		能准时完成验收项目	10
完成总费时： （　　　天）	A 指标：尊敬的客人，本公司这次为您提供的服务是否满意？请在相关选项上进行勾选： 不满意 □ 满意　　□ 很满意 □ ▲不满意 0 分 ▲满意为 5 分 ▲很满意为 15 分 客户签名：	B 指标：小组根据自己的表现进行评分 自评得分	

绩效总分：（A 指标 +B 指标）

3.2.3　实训项目 2　晚会现场多机位拍摄

项目情境

某学校周末举行社团展演晚会，想请摄影公司帮忙拍摄整个晚会节目。

小杨：您好，方东摄影公司。请问有什么需要帮忙的？

学校：您好，我们学校在周末将举行社团展演晚会，想请你们公司拍摄整个晚会，并制作成活动视频。

小杨：请问晚会是几点开始表演，地点在室内还是室外？需要多机位拍摄吗？

学校：晚会在晚上 8 点开始，地点在学校运动场，需要多机位拍摄。

小杨：好的，我们会提前过去看场地，并架设摄像机，到时候与您联系。

学校：好的，谢谢。

项目分析

1）本项目的重点是完成整台晚会演出活动拍摄，并便于提供给后面剪辑人员实施后期剪辑。

2）强调多机位拍摄的相互配合，如机位、景别、角度等职责的分工合作。

3）突出培养学生团队合作的精神，以及相关的职业意识和能力。

项目实施

项目小组按照以下实施步骤正式开展工作。

（1）组员确定

项目组组长 1 名（负责项目监控、协调沟通工作）、摄像师 3 名、摄像师助理 3 名、剪辑师 1 名。

（2）项目单

根据项目单的要求完成具体工作，见表 3-12。

表 3-12　项目单

项目单——《社团展晚会》	
客　　户	
制作要求	①全程记录整台社团展晚会 ②需拍摄观众、演员、领导嘉宾等画面，采用多机位拍摄晚会 ③需要制作一个社团展活动花絮 ④为了保证画面质量，要求使用专业摄像机多机位拍摄
主要工具	摄录一体机 3 台、三脚架 1 个、独脚架 2 个
项目时长	3 个小时

（3）前期准备工作

在团队领到任务的第一时间，项目组长召集所有成员对项目基本情况进行沟通，把客户的制作要求和收集的资料告诉制作团队，并且就接下来的工作如何开展进行商榷和分工。最终制定出一个执行计划从而指导后面工作的开展。

（4）准备拍摄设备

专业摄录一体机 3 台、三脚架 1 个、独脚架 2 个。

📢 注意

户外拍摄时间较长，建议使用两台走动拍摄摄像机，并使用独脚架，保证较长时间拍摄画面不抖动，为保证拍摄过程中电量充足，需准备备用电池 3 个。检查电池是否已充满，多备用两盒拍摄磁带。

（5）拍摄前沟通工作

提前到拍摄活动场地实地踩点，根据晚会场地找好最佳 1 号主机位拍摄位置和 2、3 号走动拍摄位置，与客户沟通了解晚会整个流程，并拿到节目单预览，了解整个晚会的情况，并对 1、2、3 号机位具体拍摄范围进行分工和踩点，找准最佳拍摄位置，如图 3-34 所示。

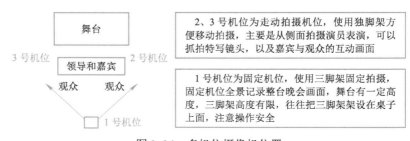

图 3-34　多机位摄像机位置

◀)) **注意**

2、3 号机位同为走动拍摄，可以适当分工，如 2 号机位重点抓舞台特写镜头，3 号机位注意留意拍摄领导和观众的互动画面，拍摄景别越丰富多机位剪辑画面也越丰富，拍摄时注意拍摄瞬间表情。

（6）实施拍摄

在拍摄过程中，1 号主机位适当变化景别全程记录整台晚会，2、3 号机位重点拍摄演员表演，抓拍领导讲话和观众互动鼓掌的画面，并通过推、拉、摇、移等拍摄方式变化景别，丰富拍摄画面的效果。

项目绩效考评

各个小组的项目完成得怎么样了？现在让我们利用手中的考评表格来给其他小组进行一次绩效考评吧，见表 3-13。

各位负责考评的同学请注意，该表格中的 A 指标交由客户方进行填写，B 指标交由学生进行填写，绩效总分交由指导教师填写。填写完毕后要求签字确认分值的真实性和有效性。

表 3-13　项目绩效考评表

小组名称：＿＿＿＿＿＿＿＿　　组员名单：＿＿＿＿＿＿＿＿

汇 报 时 间	客户反馈评价内容	自 评 标 准	
第一次汇报 （ 年 月 日）		组长能认真负责	5
		组员分工平均合理	10
		团队讨论学习充分	5
第二次汇报 （ 年 月 日）		操作规范，没有常识性错误	10
		满足项目单的制作要求	15
		作品有自己的设计想法	5
第三次汇报 （ 年 月 日）		积极主动和客户沟通并记录相关修改意见	10
		能尊重客户意见及时修改	10
		能准时完成验收项目	10
完成总费时： （ 天）	A 指标：尊敬的客人，本公司这次为您提供的服务是否满意？请在相关选项上进行勾选： 不满意 □ 满意 □ 很满意 □ ▲不满意 0 分 ▲满意为 5 分 ▲很满意为 15 分 客户签名：	B 指标：小组根据自己的表现进行评分 　　　　　　　　自评得分	

绩效总分：（A 指标 +B 指标）

3.2.4 知识拓展

1. 轴线规律

轴线规律是影视拍摄必须掌握的知识，也是初学摄像的人常犯的错误，在拍摄中会发生跃轴拍摄的错误。它是一个专业的摄像师必须掌握的知识。

所谓轴线，是指被拍摄对象的视线方向、运动方向和不同对象之间的关系所形成的一条假想的直线或曲线。它们所对应的称谓分别是方向轴线、运动轴线、关系轴线。在进行机位设置和拍摄时，要遵守轴线规律，即在轴线的一侧区域内设置机位，不论拍摄多少镜头，摄像机的机位和角度如何变化，镜头运动如何复杂，从画面看，被拍摄主体的运动方向和位置关系总是一致的，否则，就称为"越轴"或"跳轴"。

在越轴后的画面中，被拍摄对象与前面所拍摄画面中主体的位置和方向是不一致的，出现镜头方向上的矛盾，造成前后画面无法组接的后果。此时，如果硬性组接，就会使观众对所组接画面的空间关系产生视觉混乱的印象。主体运动的速度越快，"动作轴线"的作用就越明显，由"越轴"给观众造成的错觉也就越严重。

例如，拍摄一组学生在校园路上行走的画面，摄像的学生自己确定机位和轴线，先以轴线一侧拍摄一组镜头，然后拍一组在轴线另一侧的镜头，进行比较，会出现不同的画面效果。两个画面组接后，将会使观众产生视觉混乱的印象。

（1）方向轴线　是指被拍摄对象静止不动的，即位置没有移动。这样"轴线"就要根据各主体间的连线或主体到背景平面的垂直线来定，这就叫"方向轴线"。以拍摄人物为例，被拍摄人物的直视线就是轴线，由他到对方连接起来的线也是轴线。拍摄时，对于这个人或这两个人，要按照他们之间的"轴"线规律，在对话轴线的同一侧拍摄，连接起来就不会改变他们的视线。

（2）运动轴线　即处于运动中的人或物体，其运动方向构成主体的运动轴线。它是由被拍摄主体的运动所产生的一条无形的线，或称之为主体运动轨迹。在拍摄一组相连的镜头时，摄像机的拍摄方向应限于轴线的同一侧，不允许越到轴线的另一侧。否则，就会产生"离轴"镜头，出现镜头方向上的矛盾，造成画面空间关系的混乱。主体运动的速度越快，"轴线"的作用就越明显。

2. 解决越轴过渡方法

1）通过移动镜头，机位"移过"轴线，在同一镜头内实现越轴过渡，即利用摄像机的运动越过原来的轴线实施拍摄的过程。

2）利用拍摄对象动作路线的改变，在同一镜头内引起的轴线变化，形成越轴过渡。

3）利用中性镜头或插入镜头间隔两个越轴镜头，缓和给观众造成的视觉上的跳跃。

4）在越轴的两个镜头间插入一个拍摄对象的特写镜头进行过渡。

5）利用双轴线，越过一条轴线，由另一条轴线去完成画面空间的统一。

3. 镜头拍摄方向

拍摄方向是指摄像机镜头与被拍摄主体在水平平面上有一个360°的相对位置。通常所说的镜头拍摄方向包括正面拍摄、背面拍摄或侧面拍摄，如图3-35所示。

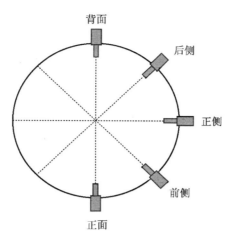

图 3-35　拍摄方向指示图

（1）正面拍摄　摄像机镜头在被拍摄主体的正前方拍摄。正面拍摄的优势和不足，见表 3-14。

表 3-14　正面拍摄的优势和不足

优　　势	不　　足
① 有利于表现被拍摄对象的正面特征 ② 容易显示出庄重、严肃、静穆的气氛 ③ 拍摄人物，可看到人物完整的脸部特征和表情动作，正面平角度近景拍摄，有利于画面人物与观众面对面地交流，使观众容易产生参与感和亲切感	① 物体透视感差，立体效果不很明显 ② 如果画面布局不合理，被拍摄对象就会显得无主次之分，呆板而无生气

（2）侧面拍摄　摄像机镜头在被拍摄主体的正侧方或斜侧方拍摄。其中正侧方拍摄是指摄像机镜头在与被拍摄主体正面方向成 90°角的位置上进行拍摄。斜侧方拍摄是指摄像机在被拍摄对象正面、背面和正侧面以外的任意一个水平方向进行的拍摄。侧面拍摄的优势和不足，见表 3-15。

表 3-15　侧面拍摄的优势和不足

	优　　势	不　　足
正侧方拍摄	① 有利于表现被拍摄物体的运动姿态及富有变化的外沿轮廓线条 ② 有利于表现人与人之间的对话和交流	不利于展示立体空间
斜侧方拍摄	① 能使被拍摄体本身的横线在画面上变为与边框相交的斜线，物体产生明显的形体透视变化，有较强的纵深感和立体感，有利于表现物体的立体形态和空间深度 ② 斜侧方向在画面中可以起到突出两者之一、分出主次关系、把主体放在突出位置上的作用 ③ 斜侧方向既有利于主体和陪体，又有利于调度和取景，是摄像方向中运用最多的一种	

4. 镜头拍摄高度

镜头拍摄高度是指摄像机镜头与被拍摄主体在垂直平面上的相对位置或相对高度。

（1）平拍　是镜头与被拍摄对象在同一水平线上进行拍摄。平拍的优势和不足，见表 3-16。

表 3-16　平拍的优势和不足

优　势	不　足
①平角度拍摄使被拍摄对象不易变形，使人感到平等、客观、公正、冷静、亲切 ②画面结构稳固、安定，形象主体平凡、和谐，是新闻摄像通常选用的拍摄高度	处理平拍画面时，需要尽量避免出现地平线平均分割画框的构图

（2）俯拍　是一种自上往下、由高向低的俯视效果拍摄。侧拍的优势和不足，见表 3-17。

表 3-17　侧拍的优势和不足

优　势	不　足
①有利于表现地平面景物的层次数量、地理位置以及盛大的场面，给人以深远辽阔的感受 ②俯角度拍摄具有如实交代环境位置、数量分布、远近距离的特点 ③表现人物活动时宜于展示人物的方位和阵势	①不适于表现人物的神情和人与人之间细致的情感交流 ②俯拍人物时对象显得萎缩、低矮，画面往往带有贬低、蔑视的意味 ③不宜随便使用俯角度拍摄

（3）仰拍　是摄像机低于被拍摄主体的水平线，向上进行的拍摄。仰拍的优势和不足，见表 3-18。

表 3-18　仰拍的优势和不足

优　势	不　足
①仰角度拍摄使地平线处于画面下端或从下端出画，常出现以天空或某种特定物体为背景的画面，可以净化背景，达到突出主体的目的 ②仰角度拍摄有利于强调其高度和气势，拍摄跳跃、腾空等动作时，能够夸张跳跃高度和腾空动作；仰摄画面中的主体形象显得高大、挺拔，具有权威性，画面带有赞颂、敬仰、自豪、骄傲等感情色彩，常被用来表现崇高、庄严、伟大的气氛和情绪	广角状态下近距仰摄或仰角度太大会使人物容易变形，在运用仰角拍摄时，应根据具体内容掌握好分寸，切忌形成一种简单的概念化表现

5. 镜头拍摄心理视角

（1）客观角度

客观角度是指依据常人日常生活中的观察习惯而进行的旁观式拍摄，是电视节目运用的最为频繁、最为普遍的拍摄角度和拍摄方式；客观性角度拍摄的画面就仿若观众在现场参与事件过程、观察人物活动、欣赏风光景物一般。它是摄像人员以生活中常见的地位、情景和视角来摄录画面的不可或缺的造型方式。

（2）主观角度

主观角度是一种模拟画面主体（可以是人、动物、植物和一切运动物体）的视点和视觉印象来进行拍摄的角度。主观性角度由于其拟人化的视点运动方式，往往更容易调动观众的参与感和注意力，容易引起观众强烈的心理感应。

6. 景别的选择与镜头处理技巧

景别意味着一种叙述方式和画面的结构方式。不同景别在片中的作用不同。景别变化是实现造型意图、形成节奏变化的因素之一，不同景别镜头的组接不但引领着观众的视觉思维顺序，也形成了视觉表现形式节奏的变化。

（1）景别选择要点

景别变换的作用是利用摄像机镜头代替人的眼睛，利用景别变换，对观众进行场面调度。一般来说，观众在收看时与电视机屏幕的距离是相对不变的，画面上的被拍摄对象时而呈现整体、时而突出局部，这种画面景别的变化实际上反映了视点的变化，在摄像造型中，通过对景别的选择，满足观众从不同视距观察被拍摄对象的心理要求。

每种景别之间要有区别，而且区别要越大越好。景别的变化，不宜过分剧烈，利用主观镜头或人物动作，可以剧烈地转换景别。

不同景别的画面包含不同的视觉范围，对画面景别的调度，实质上是对观众能看到的画面表现时空的调度，摄像人员在不断规范和限制着被拍摄主体被观众的认知范围，决定观众接收画面视觉信息的方式和数量，引导观众注意观看不同的被拍摄对象或同一被拍摄对象的不同侧面，使画面对事物的表现和叙述具有层次性、重点性和顺序性，达到了我们在具体拍摄前所要求的分点、分镜的目的。

（2）不同景别场景的时间选择

景别不同所包含的内容也不同，要看清一个画面所需的时间自然也就不一样。对固定镜头来说，看清一个全景镜头至少约需 6s，中景至少要 3s，近景约 2s，特写 1.5～1.8s。对移动镜头来说，时间长短应以交代清楚所要表现的内容、动作的完整、节奏的协调为取舍标准。当然一个镜头的实际长短要根据内容、节奏、光照条件、动作快慢、景物复杂程度的需要而灵活掌握。

（3）不同景别镜头的匹配

组接中对景别的变换并没有一个成文的法则，一般主要根据内容需要考虑叙述清晰、表意准确、视觉流畅的镜头匹配。例如，在描写事件过程中为了达到层次清楚，常用不同景别的镜头来表达，一般中景、近景和全景、特写和远景的镜头约各占 1/3。为了达到画面平稳流畅，既要避免用相同景别的镜头组接在一起，又要使正常时的景别变化不宜太大。同时，远视距景别中主体动作部分的画面要多留一些（约占 2/3），近视距景别中主体动作部分的画面可少留一些（约占 1/3），防止产生视觉跳动感。为了渲染某种特定的情绪气氛，可使用特写—远景或远景—特写的两极镜头组接等。

（4）叙事蒙太奇场景的景别结构

依据动作、声音、情绪、节奏、色彩等因素组成的不同景别、不同角度的镜头，明白清晰地叙述事件和运动连贯过程的分解与组合是叙事蒙太奇的重要环节。"景"的发展不宜过分剧烈，否则就不容易连接起来。相反，"景"的变化不大，同时拍摄角度变换也不大，拍出的镜头也不容易组接。所以，景别的变化要采用"循序渐进"原则。

1）前进式句型：这种叙述句型是指景物由远景、全景向近景、特写过渡。用来表现由低沉到高昂向上的情绪和剧情的发展。

2）后退式句型：这种叙述句型是由近到远，表示由高昂到低沉、压抑的情绪发展。在影片中表现由细节到扩展到全部。

3）环行句型：是把前进式和后退式的句子结合在一起使用。

3.3 本章小结

本章主要针对摄像师岗位，分为两个部分向大家介绍了基础的摄像设备知识，以及基础摄像技巧的学习。其中岗前培训手册的内容重点介绍了有关摄像机器材操作和规范拍摄的入门技巧。另外，在实战引导手册中着重借鉴了真实社会案例，引导同学们去实践单机位拍摄和多机位拍摄项目的实施与训练。

第4章 音视频剪辑员岗位

当进行视频编辑工作时，能够很好地认识非线性编辑工作站的作用，非线性编辑软件的特点，正确利用视频素材是决定能否顺利完成客户项目的基本所在。因此，影视制作机构就不能忽视音视频剪辑员的工作。这个岗位是电影、电视和视频片段制作中不可或缺的重要创作环节，本章即是对这个岗位的培训与引导。

职业能力目标

- ⊙ 了解非线性编辑硬件
- ⊙ 了解非线性编辑软件
- ⊙ Vegas 软件基础操作
- ⊙ 音视频项目剪辑处理

4.1 岗前培训手册

4.1.1 设备操作指导

1. 非线性编辑硬件部分

有了非线性编辑（简称为非编）软件后，就需要有非线性编辑工作站来给予硬件支持了。根据不同的任务和目的可以选择配置什么样的工作站。一般情况下专业的非编工作站可以称为非编系统，因为这些专业工作站使用专门优化编辑工作的硬件，如专业显卡、声卡、服务器硬盘阵列、高速光纤网络等。它们价格不菲、功能也很强大。还有高度集成化的移动式非编工作站。同样也可以根据实际情况配置自己需要的实用工作站。如图4-1所示，就是几种不同的专业非编工作站。

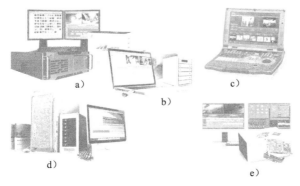

图 4-1 专业非编工作站

a）大洋非编 b）强氧移动式非编 c）SONY 移动式非编 d）苹果非编 e）EDIUS 非编

视频非线性编辑工作站通常由主机、专业显示器、专业视频卡、非编软件等组成。我们以索贝非编系统为例简单介绍一下主要配置，其功能见表 4-1。

表 4-1　索贝 TOPBOX Ⅲ非线性编辑系统主要配置介绍

序　号	设 备 名 称	配 置 简 介
1	CPU	Intel Core E6600；双核 2.4GHz 处理器
2	内存	2GB 金士顿 DDR2 800
3	系统硬盘	160GB SATA Ⅱ代
4	素材盘	500GB SATA Ⅱ代
5	显卡	丽台 / 讯景 Geforce 8800GT，512MB 显存
6	显示器	19in 液晶
7	板卡	SOBEY MG1000 专业视频卡
8	加密狗	SOBEY/T2 加密狗
9	操作系统	Microsoft Windows XP SP3 专业版
10	编辑软件	SOBEY/T3 专业级高标清全中文非线性编辑软件（含高标清字幕图文特技编辑创作系统）
11	光驱	DVD 刻录光驱
12	音箱	2.0 监听音箱

专业非编工作站都有自己的视频板卡，配合非编软件就能在音视频编辑工作中使用到更多的视频特效，达到更高的制作效率。专业非编工作站有出品公司成套的技术服务，这对我们的应用是非常方便的，当然它们的售价非常昂贵，对于个人工作室和小型制作公司来说难以承受。针对这个问题，我们可以通过配置一些物美价廉的设备硬件来予以解决，进而满足一些小型制作公司的实际需求，接下来我们就来组合一套实用的非编工作站。

（1）配置非编工作站基本要求

1）中央处理器 CPU 的选择。

CPU 是决定非编工作站运行速度的首要因素，应尽量选择高速的 CPU。目前流行的 CPU 主频是双核 2.0GHz 以上，可以根据自己的配置成本选择更高主频的四核 CPU。总之，为了提高工作效率，在预算之内都应尽可能配置最高速的 CPU。

2）显卡的选择。

显卡在音视频编辑领域里存在许多争论。首先，显卡的选择取决与剪辑师所使用的非编软件，例如，Sony Vegas 软件无需利用 GPU 性能，所以就没有必要购买强力 GPU 显卡；另外，显卡的选择也取决于视频编辑工作的具体要求，如果剪辑内容需要较多的特效渲染，那么建议可以考虑使用 500MB 以上显存的 Quadro FX 系列产品。

3）内存的选择。

由于非编工作站的运行速度不仅需要强大的 CPU，也需要足够的内存让系统快速运转，因此建议内存配置 2GB 以上的高速内存。

4）硬盘的选择。

硬盘就像一个巨大的仓库，用来存放音视频素材。做音视频编辑工作的人永远会觉得硬盘不够大（配置硬盘空间应在 160GB 以上，选用 7200 转 /min 的高速硬盘）。

5）其他配件，见表 4-2。

表 4-2　其他配件

序　号	设 备 名 称	配 置 简 介
1	1394 扩展卡	1394 接口是连接工作站与外围设备的重要接口，1394 接口的传输速率很大，非常适合视频信号的传输。现在也有很多计算机主板上集成有 1394 接口，可以直接使用
2	SDI 接口卡	制作 HDV 格式的高清视频时用来连接 HDV 高清摄像机或录放机
3	Windows 兼容声卡	选择高品质的 5.1 声道的声卡更有助于编辑工作
4	显示器	19in 液晶
5	键盘	可以使用专用编辑键盘
6	鼠标	光电鼠标
7	光驱	DVD 刻录机
8	不间断电源	防止突然断电而丢失数据
9	音箱	2.0 监听音箱

（2）配置非编工作站的注意事项

1）注意整机的硬件配置成本。高端的硬件配置虽然好，但是价格过高就违背了我们的初衷。一款性价比高的工作站应该是在追求强大硬件功率的同时，最大程度地避免采购资金的浪费。

2）考虑系统硬件的相互兼容。快速稳定的系统硬件有利于编辑工作的顺利开展，但是往往由于一些不同品牌的产品之间存在硬件冲突，就会导致编辑工作进程中系统不稳定的现象，所以保证非编系统硬件之间的兼容性和稳定性非常重要。

3）实现便携式非编工作站。目前一些符合非编硬件标准配置的笔记本电脑，在安装了非编软件后，同样可以作为便携式移动非编工作站进行相应的音视频编辑工作。

2．辅助硬件设备介绍

非线性编辑工作站还需要一些外部设备将音视频素材进行导入、导出以及存储等操作。按设备的用途分为 3 类：存储类、录放类、连接类。

（1）存储类设备

存储类设备通常是指摄像机拍摄的音视频数据记录的介质，目前记录介质已出现逐渐由录像带转换到闪存卡的趋势。同时还出现了直接记录音视频文件的光盘、硬盘等，如图 4-2 所示。存储类设备的功能简介见表 4-3。

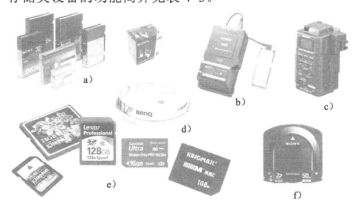

图 4-2　常用存储介质

a）数字记录磁带　b）硬盘记录单元　c）CF 卡记录单元　d）DVD 刻录光盘　e）存储卡　f）SONY 专业记录光盘

（2）录放类设备

通过录放设备把记录有音视频的素材传输到非编工作站，非编工作站通过软件来采集音视频素材并进行后期剪辑。录放类设备包括摄像机、录像机、读卡器、光盘播放机等，如图 4-3 所示。

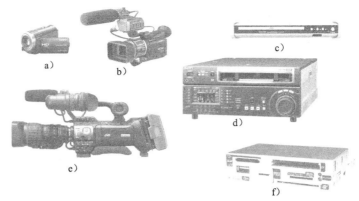

图 4-3　常用录放设备

a）小型 DV 摄像机　b）磁带式数字摄录一体机　c）DVD 光盘播放机　d）高清数字式录像机

e）存储卡式高清数字摄录一体机　f）读卡器

表 4-3　录储类设备功能介绍

序　号	设 备 分 类	功 能 简 介
1	存储卡式高清数字摄录一体机	以存储卡为记录介质，用于拍摄高清晰视频素材，多在电视台、电影公司、广告公司等专业用户中使用，属于专业级设备
2	高清数字录像机	以专业录像磁带为记录介质，主要用于广播级视频素材的录放播放功能，多台高清数字录像机可以实现线性编辑功能
3	DVD 光盘播放机	家庭使用的 DVD 光盘播放机，主要用于播放 DVD 视频光盘。目前在专业广播领域也会使用蓝光 DVD 光盘录放机
4	小型 DV 摄像机	家用级别摄像机，主要是个人拍摄 DV 影片使用
5	磁带式数字摄录一体机	以磁带为记录介质，拍摄广播级质量的视频素材，多在电视台、电影公司、广告公司等用户中使用，属于专业级设备
6	读卡器	用于存取各种存储卡中的数据文件

（3）连接类设备

连接类设备的作用就是在录放设备与非编工作站之间建立一个传输音视频素材的桥梁，通俗来说就是各种连接线。从模拟时代到数字时代不断出现各种新的连接线，例如，1394 连接线、AV 接口连接线、HDMI 连接线、S 端子接口连接线、VGA 连接线等，如图 4-4 所示。

常见的几种连接类设备功能简介，见表 4-4。

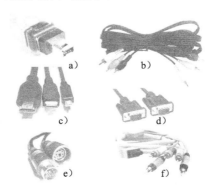

图 4-4　常用连接端口

a）1394 接口　b）AV 接口连接线　c）HDMI 接口连接线　d）VGA 接口连接线　e）S 端子接口连接线　f）色差接口连接线

表 4-4 连接类设备功能介绍

序 号	设 备 分 类	功 能 简 介
1	1394 连接线	是苹果公司开发的串行标准，是一种目前为止最快的高速串行总线。可以传输不经压缩的高质量数据电影。最早苹果公司开发的 IEEE1394 接口是 6 针的，后来，SONY 公司看中了它数据传输速率快的特点，将早期的 6 针接口进行改良，重新设计成为现在大家所常见的 4 针接口，并且命名为 i LINK
2	HDMI 连接线	2002 年 4 月，日立、松下、飞利浦、索尼、汤姆逊、东芝和 Silicon Image 7 家公司联合组成 HDMI 组织。HDMI 能高品质地传输未经压缩的高清视频和多声道音频数据，最高数据传输速度为 5Gbit/s。同时无需在信号传送前进行数/模或者模/数转换，可以保证最高质量的影音信号传送
3	SDI 连接线	串行接口是把数据字的各个比特以及相应的数据通过单一通道顺序传送的接口。由于串行数字信号的数据率很高，因此在传送前必须经过处理
4	AV 接口连接线	AV 接口是目前为止最为常见的一种音/视频接线端子。这种双线连接方式的端子早在收音机出现的时代便由 RCA 录音公司发明出来。通常都是成对的白色的音频接口和黄色的视频接口，它通常采用 RCA（俗称莲花头）进行连接，使用时只需要将带莲花头的标准 AV 线缆与相应接口连接起来即可
5	USB 接口连接线	USB 线在数码摄像机领域通常是用来传输静态图像信号，极少数的数码摄像机可以使用 USB2.0 接口来采集视频信号

（4）操作步骤说明

1）存储介质的使用。

摄像机使用录像带时，首先打开摄像机电源，按下带仓弹出按钮，等候带仓门自行弹出。然后把 DV 带放入带仓，关上带仓门，摄像机自动拉出磁带包裹在摄像机磁鼓上。这样我们就可以开始准备录制或播放视频了。

存储卡式的摄像机在使用存储卡时，首先在摄像机关机的前提下，打开存储卡插槽盖口，按照正确的方向将存储卡插入到摄像机存储卡插槽内，关上盖口后再打开摄像机电源，这样拍摄或播放前的准备工作就完成了。存储卡通过读卡器与非编工作站连接时要注意应插入到对应卡类型的插槽中。光盘式摄像机的操作类似录像带式摄像机。

2）录放设备与工作站的链接。

首先，找到非编工作站的 1394 接口，将 1394 电缆连接到非编工作站，然后连接到数码摄像机 1394 接口（SONY 数码摄像机标示为 i LINK）。连接好后使用交流适配器/充电器来给摄像机供电。打开摄像机的 POWER（电源）开关并设定为 VCR 挡。然后打开非编工作站的非编软件进入到采集选项，检查采集选项是否已经和摄像机连接成功（非编软件采集选项是否点亮），连接成功后非编软件就可以通过 1394 线控制摄像机的"播放""停止""快进""倒退""录制"的操作。

（5）操作注意事项

1）对应的数据线需要连接录放设备。在非编工作站上，不同的数据线有着对应的接口，连接时要注意观察接口的方向，针脚位置，切忌太过用力。

2）数据线必须先连接计算机，然后连接到摄像机。反之，则可能会造成静电积累，从而导致摄像机出现故障。

3）DV 磁带反复使用的次数不宜过多。主要原因是磁带上的磁粉有可能随着多次使用而脱落，这会影响摄像机磁头的寿命。一盒 DV 磁带的使用次数，建议不要超过 10 次。

4）DV 磁带要尽量放置在干燥透风且没有电磁干扰的环境中，避免放在电视机、音箱等电器旁。录制有影像数据的磁带时，如果需要长时间保存的要做好防潮处理，远离液体和腐蚀性的材料，存放在防静电的储存柜内。

5）所有的存储介质都要轻拿轻放，平时不要随意拆卸存储介质，避免一些不当操作导致存储介质损坏。

6）在数码设备快没电时或电量报警时最好不要往闪存卡里写入或读取数据。在读卡显示灯闪烁时（存储卡在读写状态时）切勿拔出存储卡，这些操作会导致数据丢失，严重的会导致存储卡损坏。

3．非线性编辑软件部分

首先来认识一下什么是非线性编辑。先从线性编辑说起，传统的录像带编辑就是线性编辑，音视频素材在录像带上录制时是有时间顺序的，当我们对录像带上的音视频素材进行剪切、复制和粘贴操作时，必须反复搜索录像带，并在另一个录像带中排列它们，因此称为线性编辑。

而非线性编辑则是利用现代计算机技术，把音视频素材压缩存储到计算机硬盘上，音视频素材存储的位置是并列平行的，与录制音视频素材的先后顺序无关。当我们对硬盘上的音视频素材进行剪切、复制和粘贴等操作时，就打破了录制对时间顺序的限制。

（1）软件介绍

在非线性编辑软件上将视频镜头在时间线上进行编辑、更改位置、改变时间长度、增加特技等操作。然而时间线的实质是一个编辑序列表，它把鼠标、键盘对视频素材的操作记录下来，并没有改变硬盘上的视频数据，因此我们可以方便地对这些素材在时间轴上的摆放位置、时间长度、颜色效果等进行任意修改。非线性编辑软件的实质作用就是获取音视频素材的数字编辑档案。

可以将非线性编辑软件分为 3 个类型，即独立软件、专业软件、家用入门级软件。例如，Sony Vegas、Adobe Premiere、EDIUS 等属于独立软件；Avid Media Composer、Final Cut pro、大洋等属于专业软件；会声会影（VideoStudio）、Windows Movie Maker 等属于家用入门级软件，如图 4-5 所示。

图 4-5　非线性编辑软件

（2）软件选择

每种非编软件之间的操作方式都有异曲同工之处。它们的操作都是在时间轨道上对音视频素材分割、剪切和组合。所以我们只需要以满足公司生产流程为目的，以及根据自己对操作软件界面的喜好和习惯来确定适合自己的非编软件。如果在预算有限的情况下，建议多考虑独立非编软件，行业中常用的有：Adobe Premiere、Sony Vegas 和 EDIUS，见表 4-5。专业级非编软件通常情况下都需要配置专用的视频卡、显卡等硬件才能发挥其强大功能，所以并不是工作室等小型制作机构的最佳选择。另外，我们要坚信，软件只是工具，卓越的作品主要是依赖聪明的大脑来完成的。

表 4-5　常见软件功能介绍

序　号	软件分类	功能简介
1	会声会影 （VideoStudio）	友立公司出品，完整的影片编辑流程解决方案：从拍摄到分享、新增处理速度加倍。现在包含完整的蓝光制作与烧录功能等。它是一款面向家庭用户的视频后期处理编辑软件，具有易学易用的特点 会声会影是一种独立软件，不需要特殊的硬件板卡支持，非常适合家庭和普通爱好者使用
2	Sony Vegas	Sony 公司出品，具备强大的后期处理功能，可以随心所欲地对视频素材进行剪辑合成、添加特效、调整颜色、编辑字幕等操作，还包括强大的音频处理工具，可以为视频素材添加音效、录制声音、处理噪声，以及生成杜比 5.1 环绕立体声。此外，Vegas 还可以将编辑好的视频迅速输出为各种格式的影片、直接发布于网络、刻录成光盘或回录到磁带中 Sony Vegas 是一种独立软件，不需要特殊硬件板卡支持，它的强大功能非常适合视频剪辑爱好者或独立制作人等使用
3	Adobe Premiere	Adobe Premiere 是一个创新的非线性视频编辑应用程序，也是一个功能强大的实时视频和音频编辑工具，是视频爱好者们使用最多的视频编辑软件之一。Adobe Premiere 以其新的合理化界面和通用高端工具，兼顾了广大视频用户的不同需求，在一个并不昂贵的视频编辑工具箱中，提供了前所未有的生产能力、控制能力和灵活性 Adobe Premiere 是一款独立软件，不需要特殊硬件板卡支持，它的专业化界面让专业操作者更得心应手
4	EDIUS	由 CANOPUS（康能普视）公司出品的 EDIUS 非线性编辑软件专为广播和后期制作环境而设计，特别针对新闻记者、无带化视频制播和存储。EDIUS 拥有完善的基于文件工作流程，提供了实时、多轨道、多格式混编、合成、色键、字幕和时间线输出功能。同时支持所有 DV、HDV 摄像机和录像机 EDIUS 是一个兼容性很强的软件，不但可以应用专业硬件板卡制作出更出色的效果，也可以是一种独立软件，让视频剪辑爱好者使用它强大的后期制作功能
5	Avid MediaComposer	Avid（爱维德）技术公司提供从节目制作、管理到播出的全方位数字媒体解决方案。作为业界公认的专业化数字化标准，Avid 非线编辑类产品用于电视制作、新闻制作、商业广告、音乐节目以及 CD，更适用企业宣传节目和大部分的影片制作 Avid MediaComposer 是一款高端非独立软件，不但需要高端硬件板卡支持，还可以组建千兆视频编辑网络，建立视频素材服务器，构建成完整的视频编辑网络系统。对广播电视行业有不可比拟的专业制作功能
6	Final Cut pro	Apple 公司的非编软件 Final Cut pro 由 Premiere 创始人 Randy Ubillos 设计，充分利用了 PowerPC G4 处理器中的"极速引擎"（Velocity Engine）处理核心，提供全新功能，例如，不需要加装 PCI 卡，就可以实时预览过渡与视频特技编辑、合成和特技，Matrox 最近宣布将给 Final Cut Pro 增加实时特性的硬件加速。该软件的界面设计相当友好，按钮位置得当，具有漂亮的 3D 感觉，拥有标准的项目窗口及大小可变的双监视器窗口，它运用了 Avid 系统中含有的 3 点编辑功能
7	SOBEY/T3	SOBEY/T3 是由索贝公司出品的自主知识产权产品，系统支持国际流行的以 CPU+GPU + IO 技术为核心的网络化架构；可随时进行插入时间线的同期配音；实时高标清混合编辑。包括 DV、HDV、HD、MPEG-2 和无压缩视频等文件的支持；快速的时间线剪辑功能。完善的快捷键和功能按钮，使剪辑速度倍增；画面实时多机位切换编辑，并能压缩到单一轨道提高编辑效率 SOBEY/T3 是一款非独立软件，需要硬件板卡的支持，不能在普通个人计算机上使用
8	大洋非编（DY）	中科大洋专为教育机构、宣传部门、独立工作室、婚纱影楼、个人发烧友以及小型电视台等专业用户量身定制的最新产品，采用了公司自主开发的高质量音视频 I/O 板卡，并配备了全新设计的 MontageExtreme 非编软件，附带众多高级剪辑工具，支持多种主流格式的高标清素材混合编辑，在合理的价位基础上提供了高质量的编辑和强大字幕及音频功能 大洋非编是一款非独立软件，需要硬件板卡的支持，由中科大洋公司提供完整的服务方案

（3）软件安装

1）非编软件环境要求。

通常情况下非编软件都支持在 Windows XP 操作系统上安装（处理 HDV 和 XDCAM 格式视频需要 Windows XP SP2 以上的操作系统）。当使用苹果计算机的操作平台时，需要安装 Mac 版本的非线性编辑软件。

2）非编软件安装的硬件配置。

① 中央处理器（CPU）1.3GHz 以上，支持 Windows 操作平台的 Intel 品牌和 AMD 品牌的 CPU 都可以使用。

② Windows 操作系统，需要 2GB 以上内存，以及 160GB 以上容量的高速硬盘。

3）非编软件需要的支持软件。

① Microsoft DirectX9.0c 或者以上版本（Microsoft DirectX 软件是微软公司的多媒体增强技术，通过安装一个软件包实现音视频功能的增强）。

② Apple QuickTime7.0 以上版本，用在非编软件内导入或者导出 MOV 相关格式。

③ Microsoft.NET Framework 1.0 以上版本，它是微软公司的功能扩展软件。

4）非编软件安装的使用注意事项。

① 对于独立非编软件如 Sony Vegas、Adobe Premiere，最好使用英文版本或者官方中文版的软件，汉化版本的软件有时会出现兼容问题。对于专业软件如索贝非编系统，大洋非编系统自带的中文版软件就比较稳定。

② 非编软件的外部插件种类功能都很多，安装使用都非常方便，要根据自己的实际工作来选择需要的插件。

（4）软件特效插件简介

1）转场的插件："好莱坞""Spice master"等。

2）特效插件："FE"、"Panopticum"公司的插件系列，一些为 After Effects 开发并能用在 Premiere 中的也属于这一类。

3）字幕插件："Title Express""TM""小灰熊卡拉 OK""小精灵字幕"等。

4）扩展功能插件："Videoserver""CCE""Canonpus Procder"等这类是为了方便管理而分的，所以不是很严格。插件在安装后会为 Adobe Premiere 等软件同时添加转场和特效。

（5）Sony Vegas 非编软件入门

制作影片视频的首要条件就是要熟悉视频非线性编辑软件。视频非线性编辑软件的种类繁多、功能各异，但是它们所要实现的任务目标却只有一个，即编辑处理音视频素材，生成完整的影片视频。本节中我们将着重利用 Sony Vegas 非编软件来完成音视频编辑任务。

首先，从软件的操作界面了解一下这款专业的非编软件。

1）启动软件。

如果已经安装了 Sony Vegas 软件，则可以在 Windows 操作系统桌面上单击"开始"按钮，选择"所有程序"→"Sony Vegas"命令，正式启动 Sony Vegas 音视频编辑软件。

2）软件工作界面。

软件启动后，看到 Sony Vegas 音视频编辑工作界面，如图 4-6 所示。

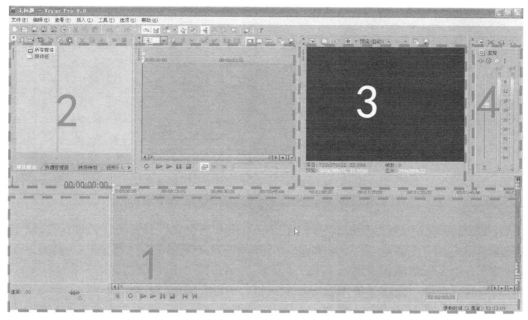

图 4-6　Sony Vegas 软件工作界面

Sony Vegas 软件除了有"菜单栏""工具栏"以外，主要由 4 大工作区域组成。即 1 区的"时间线与特效操作"窗口；2 区的"资源、素材、特效"窗口；3 区的"混音器音频控制"窗口；4 区的"预览"窗口。下面就进一步介绍它们的功能和作用。

①菜单栏。它是软件的基本编辑栏，包含了软件对视频文件的导入、导出以及特效添加等大部分的处理功能。

②工具栏。它是软件具体操作的快捷编辑栏，包含了新建、打开、保存、属性、复制、剪切、粘贴、重做等命令的功能按钮。另外，工具栏上还有一些特殊的按钮，在视频文件编辑过程中非常有用，如图 4-7 所示。

图 4-7　工具栏上的特殊按钮

③"时间线与特效操作"窗口。该窗口是所有的视频，音频的处理窗口。主要针对音视频文件的剪切、组接、删除、特效等方面进行操作。它由音视频轨道区、视频轨道属性控制区、时间线 3 个部分组成。

时间线是随着时间延长的水平轴坐标。时间线上有时间显示，从左向右方向延伸，理论上可以编辑无限时长的视频片段。视频轨道上的一根闪烁的竖线称为"时间指针"，它会随着视频的播放而运动，如图 4-8 所示。

图 4-8　视频素材的时间线

④"资源、素材、特效"窗口。该窗口主要针对所有素材文件及各类特效进行管理、调用、选择等操作。它由"资源管理""媒体库""修剪器""转场特效""视频 FX（特效）""媒体发生器"6 个面板组成。

● "资源管理器"面板主要用于对视频素材、图片、工程文档等进行管理，可以实现删除、移动、新建等功能，如图 4-9 所示。"资源管理器"面板右上角有相应的工具栏，其功能如图 4-10 所示。在图 4-9 中，"预览播放"按钮与"播放"按钮的功能有所不同，当按下"预览播放"按钮时，鼠标的选择动作就代替了"先选择文件，然后播放文件"这两个动作，这样就节省了操作时间。

图 4-9　"资源管理器"面板

图 4-10　"资源管理器"面板工具栏

● "媒体（项目）库"面板主要用于存放、管理、预览在软件中导入的素材文件，如图 4-11 所示。"媒体（项目）库"面板也有自己的工具栏，如图 4-12 所示。当添加素材文件到"媒体（项目）库"时，素材文件以缩略图形式显示，窗口中还会显示出文件的详细信息数据。

图 4-11 "媒体（项目）库"面板

图 4-12 "媒体（项目）库"面板工具栏

● "修剪器"主要用于对音视频素材进行精细剪辑，在修剪器里可以进行标记、打点、定位等操作，如图 4-13 所示。

图 4-13 修剪器（Trimmer）面板

● "转场特效"面板主要用于存放多种视频切换特效，软件中内置了上百个视频转场效果，可以在编辑视频中灵活运用，如图 4-14 所示。"转场"的意义是在视频之间产生自然衔接的过渡效果。当在"转场效果"面板中单击选择转场的名称时，就可以在面板右边预览该转场的效果。添加转场的方法是，选择需要的转场预置后，按下鼠标左键的同时移动鼠标到两段视频片段之间，这样视频之间就产生了过渡转场的效果。

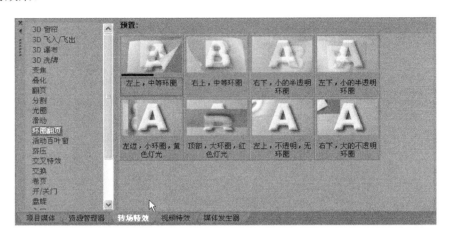

图 4-14　转场特效（Transitions）面板

● "视频特效"面板主要用于对视频素材本身的一些属性特性进行处理。例如，视频的亮度和对比度、发光、变形、色彩等，如图 4-15 所示。"视频特效"面板内置很多种视频特效，单击选择需要的特效名称，就可以在窗口的右边预览该特效的效果。添加视频特效的方法是，选择好需要的视频特效后，按下鼠标左键的同时移动鼠标放置到需要修改的视频片段上，这样就可以给视频片段添加特殊的视觉效果了。在具体的剪辑操作中，不同的"视频特效"往往能为影片最终展现的视觉效果增色不少。

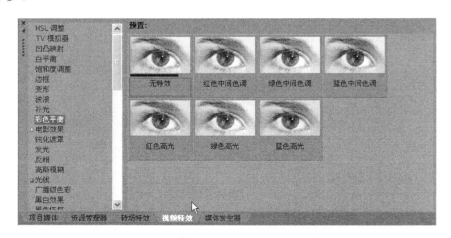

图 4-15　视频特效（Video FX）面板

● "媒体发生器"面板在视频剪辑过程中，主要用来生成"字幕""测试条纹""纹理特效""单色"等常用到的视觉元素，如图 4-16 所示。"媒体发生器（Media Generators）"面板的使用方法是，选择好需要的媒体文件后，按下鼠标左键的同时移动鼠标放置到"时间线"或者"视频轨道"上。最后通过对素材属性的调节即可制作出许多意想不到的视觉效果了。

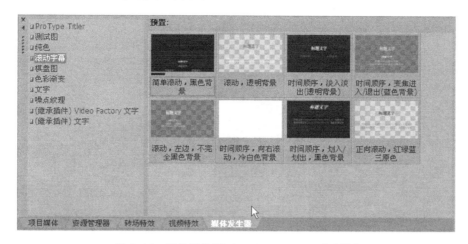

图 4-16　媒体发生器（Media Generators）面板

⑤"混音器音频控制"窗口。该窗口主要针对各个声道的音量进行控制调节，以及对音频混合进行处理操作。

⑥"预览"窗口。该窗口用于在视频剪辑中对素材片段以及视频特效进行预览。

⑦"音视频轨道"窗口。该窗口是编辑工作中必不可少的部分，"视频轨道"主要用来放置视频素材，"音频轨道"主要用来放置音频素材。它们以层级的结构排列在软件的"时间线"区域，如图 4-17 所示。

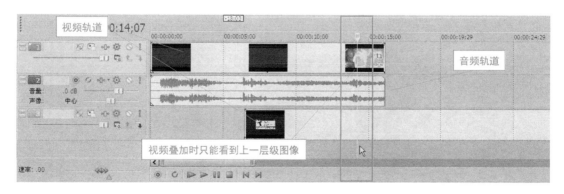

图 4-17　轨道以层级的结构来排列

从图 4-17 中可以看到一个"视频轨道"与一个"音频轨道"以上下层级结构排列。Sony Vegas 软件支持无限多层轨道操作，在编辑过程中可以根据实际需要添加多个"视频轨道"和"音频轨道"，添加的音视频轨道将按照添加时的先后顺序依次向下排序。

🔊注意

　　"视频轨道"上下层级的排列关系会对最终展现的视觉效果产生很大影响。在不同的轨道之间，视频重叠的部位将只能看到最上一层级轨道的图像。

3）如何添加音视频轨道。

① 首先在"时间线"窗口的空白区域单击鼠标右键，在弹出的快捷菜单中，选择"插入视频轨道"命令，"时间线"面板就添加了一个"视频轨道"；选择"插入音频轨道"命令，"时间线"面板就添加了一个"音频轨道"，如图 4-18 所示。

图 4-18　添加音视频轨道

② 在"时间线"窗口区域，单击鼠标右键，在弹出的快捷菜单中，选择"打开"命令。在弹出的"打开"对话框中，找到教学光盘 \ 第 4 章 \ 素材库 \4.1.2\ "练习 1.mpg"视频文件，然后单击"打开"按钮即可导入该素材文件到时间线上，如图 4-19 所示。

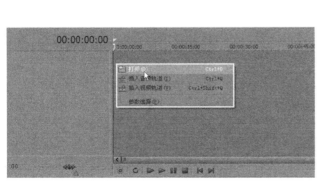

a）

b）

图 4-19　打开视频文件

a）选择"打开"命令　b）"打开"对话框

③ 关闭"打开"对话框后，在"时间线"上可以看到两个轨道，如图 4-20 所示。其中，视频在"视频轨道"上以缩略图的形式表现，音频在"音频轨道"上则以波形的形式表现。选择"时间指针"按下鼠标左键的同时移动鼠标，即可在预览窗口里看到"时间指针"当前所指时间位置的视频画面。

a）

b）

图 4-20　时间线及预览窗口

a）时间线　b）预览窗口

🔊注意

　　只要是有画面可见，有声音可听的视频文件，都至少有一个视频轨道和一个音频轨道。假若导入视频后，出现只见声音轨道，不见视频轨道或者只见视频轨道不见声音轨道的情况，很可能是由于系统中没有相应的音视频编码器的缘故。

　　4）音视频文件的播放。

　　音视频素材的播放和停止是音视频编辑的基础操作。下面就来学习播放和停止的两种方法。

　　方法 1：首先选择"时间指针"按下鼠标左键的同时移动鼠标到"时间线"开头 0s 的位置，然后单击"时间线"下方的"播放"按钮，这时视频从"时间指针"所在位置开始播放，如图 4-21 所示。同时在"预览窗"中可以观看该视频的播放画面。单击"停止"按钮，即可停止音视频的播放。

图 4-21　音视频文件的播放

　　方法 2：利用键盘上的快捷键来操作视频的播放和停止。首先，按空格键，视频在"时间指针"位置开始播放视频，预览窗口可以看到视频播放画面。当再次按空格键，视频播放停止，"时间指针"回到视频开始位置，预览窗口恢复视频开始时的画面。

🔊注意

　　让播放的视频停止下来还有另一种方法，即选择 <Enter> 键来实现。两种停止播放的方法有什么不同呢？我们来做一个小实验，首先播放时间轨道上的"练习 1.mpg"视频。当观看了 30s 后，按 <Enter> 键，这时视频播放停止，"时间指针"停留在"30s"的位置，预览窗口显示"30s"位置的画面。由此可见空格键与 <Enter> 键停止视频播放功能的区别，这两种方法对于以后的编辑工作会有很大的帮助。

　　（6）软件剪辑练习

　　视频剪辑工作有自己的规律，整体来讲分两个环节：首先是对视频素材的分割和删除，可视为"粗剪辑"环节；其次是对视频素材的整理编辑，可视为"精剪辑"环节。

　　在拍摄回来的原始视频素材里，往往涉及内容繁多。"粗剪辑"环节，其实就是利用软件对原始视频素材进行分割和删除，以达到对可用素材筛选的目的。而在"精剪辑"环节，则主要针对筛选过的视频素材进行更进一步的编辑和整理。举个例子来讲，当拿到的视频素材分别来源于不同的光照环境时，其素材画面肯定有色温值的差异，于是就必须对这些视频素材进行相应的色温调节。当然，在"精剪辑"环节中还包括很多内容，例如场景调节、色调调节、声音调节、播放速率的调节等。初学软件剪辑时，应该专注于非编软件的基本功能训练，打下坚实的基础后，才能更好地学习更高级的剪辑技术。

　　1）素材的剪切。

　　步骤① 首先，在 Windows 操作系统桌面上单击"开始"按钮，选择"所有程序"→"Sony Vegas"命令，正式启动 Sony Vegas 音视频编辑软件。

　　步骤② 选择"资源管理器"面板，导入教学光盘\第 4 章\素材库\4.1.2\"剪切练习.mpg"，按鼠标左键的同时移动鼠标，将视频素材移动到"时间线"上。正常情况下，"时间线上"会出现视频画面的缩略图和音频波形图，如图 4-22 所示。

　　步骤③ 按下鼠标左键的同时移动鼠标，将"时间指针"移动到需要分割的任意时间点上，并按 <S> 键即可将音视频素材快速分割，如图 4-23 所示。

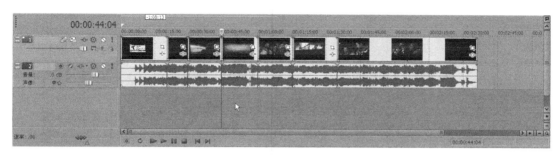

图 4-22　视频素材导入到时间线

图 4-23　被分割成多段的视频素材

🔊注意

　　"时间指针"的移动方法有两种，其一：按下鼠标左键的同时移动鼠标，将"时间指针"移动到指定位置；其二：按 <←> 或 <→> 键，逐帧移动"时间指针"。

　　如果按 <S> 键后，音视频素材没有被剪开，这时就需要检查此时是否打开了中文输入法。只有在关闭了中文输入法时才能正常执行剪切操作。

　　步骤④　按鼠标左键的同时移动鼠标，将"时间指针"移动到"时间线"的 0s 位置，按空格键播放视频进行预览。

　　2）素材的删除。

　　步骤①　在上一个素材剪切练习的基础上，单击选择需要删除的视频片段。

　　步骤②　按 <Delete> 键，将该视频素材从"视频轨道"上删除。或者，还可以在被选中的视频片段上单击鼠标右键，在弹出的快捷菜单中选择"删除"命令，将该视频素材删除，如图 4-24 所示。

　　3）素材的完整性。

　　实际上非编软件对素材的编辑操作都是非破坏性的。只要我们正常操作软件，即使对视频素材进行无数次的编辑修改，硬盘中的原始数据都不会被破坏，这就是非编软件一个重要的优势。下面就来验证非编软件下素材的完整性。

　　步骤①　首先，在素材剪切练习的基础上，单击选择删除了前后段落的视频片段。

　　步骤②　按鼠标左键的同时移动鼠标，将该视频素材的前边缘向左拉伸或者将素材的后边缘向右拉伸，素材被剪切掉的部分即恢复到非剪切状态，如图 4-25 所示。

图 4-24　删除视频素材

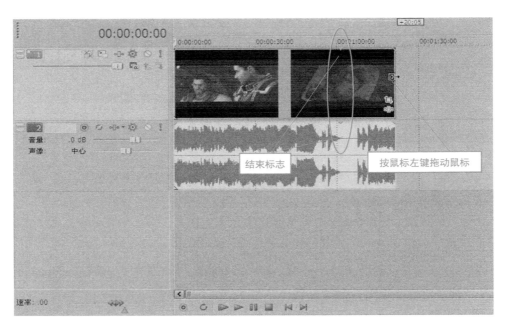

图 4-25　恢复被剪切素材的操作

步骤③ 单击选择视频素材结尾片段。

步骤④ 按下鼠标左键的同时移动鼠标，将该视频素材的后边缘向右拉伸至视频片段上出现的"三角"标志，表示该段视频素材到达了开头或结束位置。

📢注意

当编辑中需要一段 20s 的"彩条"素材时，可以利用一段 10s 的"彩条"素材，通过素材拉伸的方法得到合适长度的素材。但是，一段完整的动态视频素材通过拉伸的方法只能得到重复的画面。

4）添加"软切"过渡。

在镜头画面过渡技巧中，镜头画面的淡入淡出俗称"软切"。而与之对应的"硬切"即是镜头与镜头之间的直接切换，不会出现画面重叠的情况。"软切"与"硬切"技巧都是为了实现画面的过渡，只是它们给观众带来的视觉效果会不同。"硬切"的过渡效果干脆利落，而"软切"的过渡效果则更显得柔和舒缓一些。

步骤① 首先，单击"工具栏"上的"自动交叉淡化"按钮，软件将自动对两个相邻重叠的音视频素材生成"交叉淡化"效果，如图 4-26 所示。

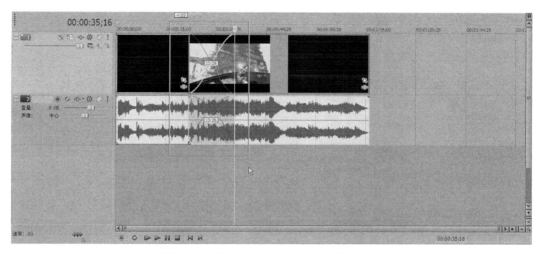

图 4-26　选择工具栏的"自动交叉淡化"按钮

步骤② 单击选择一段剪切出来的视频片段。

步骤③ 按下鼠标左键的同时移动鼠标，将该视频片段向前（或向后）移动，当两段视频片段重叠时，软件自动在重叠部分生成"交叉淡化"效果，如图 4-27 所示。

图 4-27　软件自动生成"交叉淡化"效果

步骤④ 按下鼠标左键的同时移动鼠标，将"时间指针"移动到"交叉淡化"效果位置，按空格键，播放视频进行预览。

5）实现独立素材"淡入淡出"的效果。

单独的音视频素材也可以实现"淡入淡出"的过渡效果。下面就来练习一下如何实现视频素材的"淡入淡出"效果。

步骤① 移动鼠标，用鼠标指针指向音视频素材首尾上方的一个小三角形"过渡曲线"按钮。

步骤② 当鼠标指针变化后，按下鼠标左键的同时移动鼠标，将"过渡曲线"拉伸。同时可以看到"过渡曲线"的线型变化。

步骤③ 放开鼠标左键，淡入（淡出）效果制作完成。

步骤④ 按下鼠标左键的同时移动鼠标，将"时间指针"移动到淡入（淡出）效果位置，按空格键，播放视频进行预览，如图 4-28 所示。

图 4-28　淡入淡出效果的制作

🔊注意

　　当编辑中需要时间比较长的"淡入（淡出）"效果时，只需通过鼠标把"过渡曲线"拉长即可。"淡入淡出"效果的时间控制需要根据编辑者的意图来决定。

　　在 Vegas 里实现音视频素材的"淡入淡出"效果非常简单，素材的组合运用也非常方便，软件还提供了多种不同的过渡曲线来使用，如图 4-29 所示。

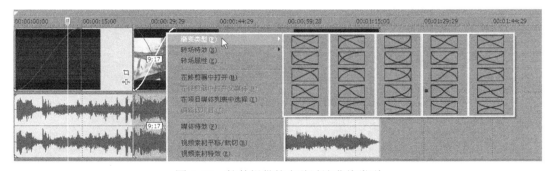

图 4-29　软件提供的多种过渡曲线类型

　　6）调节线的使用。

　　"调节线"是视频轨道上用来调节视频不透明度的工具，如图 4-30 所示。

　　步骤① 用鼠标指向视频片段上边界的"调节线"位置，鼠标指针会变成一个小手的图标。

　　步骤② 按下鼠标左键的同时移动鼠标，将"调节线"向下移动。鼠标下方显示"不透明度"的数值，如图 4-30 所示。

　　步骤③ 放开鼠标左键，视频轨道不透明度调节完毕。

　　步骤④ 按下鼠标左键的同时移动鼠标，将"时间指针"移动到该视频片段开头位置，按空格键，播放视频进行预览，我们将看到调节后的视频效果。

　　7）音频增益调节。

　　"调节线"还是音频轨道上用来调节音频增益（音量）大小的工具，如图 4-31 所示。

　　步骤① 用鼠标指向音频片段上边界的"调节线"位置，鼠标指针会变成一个小手的图标。

　　步骤② 按下鼠标左键的同时移动鼠标，将"调节线"向下移动。鼠标下方显示"增益"的数值。

步骤③ 放开鼠标左键,音频轨道增益调节完毕。

步骤④ 按下鼠标左键的同时移动鼠标,将"时间指针"移动到该音频片段的开头位置,按空格键,播放视频进行预览,就能够听到调节后的声音效果。

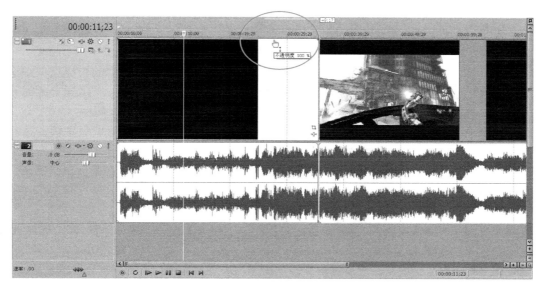

图4-30 视频轨道不透明度调节

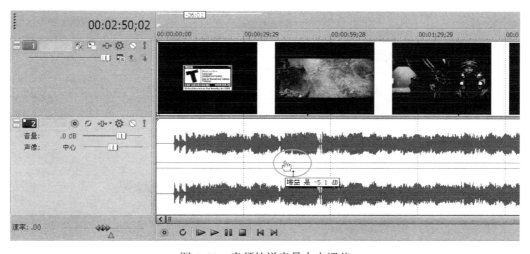

图4-31 音频轨道音量大小调节

◁》注意

　　通常视频调节线默认值为"100%",调节线处于视频的最顶端。向下拖动调节线,当数值为"0%"时处在下一层的视频画面在预览窗口显示出来,如果只有一个视频轨道则预览窗口显示黑屏。

　　音频轨道默认的增益值为"0dB",调节线往下则声音变小。音频增益调节线通常用来调节两段视频的声音,让两个声音保持大小一致。

8）音频的录制。

步骤① 首先，找到非编工作站计算机的音频输入插孔。使用音频连接线连接一个话筒或者 MP3 播放器等音频输出设备的音频输出插孔。

步骤② 开启非编工作站计算机，检查确认操作系统中的话筒输入音量已设置在开启位置。

步骤③ 在 Windows 操作系统桌面上单击"开始"按钮，选择"所有程序"→"Sony Vegas"命令，正式启动 Sony Vegas 音视频编辑软件。

步骤④ 在 Sony Vegas 软件的时间线窗口中，单击鼠标右键，在弹出的快捷菜单中选择"插入音频轨道"命令，按下鼠标左键的同时移动鼠标，将"时间指针"移到"时间线"的 0s 位置。然后单击音频轨道上的"录制装备"按钮，如图 4-32 所示。

步骤⑤ 在软件中自动弹出"项目的录音文件夹"对话框，单击"浏览"按钮，选择合适的文件保存目录，单击"确定"按钮。音频轨道上多了一个绿色的"音频增益显示器"，当软件检测到有音频输入的变化时，音频增益动态显示器就会根据输入音量大小来显示，如图 4-33 所示。

步骤⑥ 打开话筒开关或者 MP3 播放器内的歌曲。

步骤⑦ 单击"时间线"下方的"录制按钮"后，软件开始录制输入的声音，如图 4-34 所示。

图 4-32　录音前音频轨道的设置

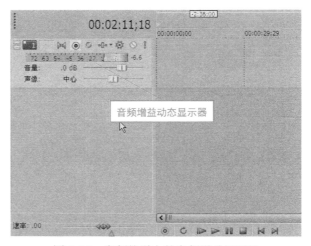

图 4-33　音频轨道上的音频增益显示器

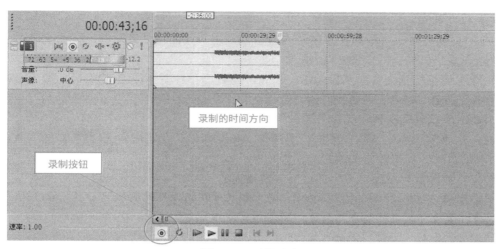

图4-34　开始录音

录音时"音频轨道"的"音频增益显示器"用动态的指示滑块不断左右滑动来显示声音的强弱，"时间指针"在音频轨道会向右移动，"时间显示器"显示录制了多少时间，同时有红色的音频波形图出现。

步骤⑧　再次单击"录制"按钮，录音结束。软件自动弹出"录音文件"对话框，如图4-35所示。

在"录音文件"对话框中，可以修改文件名字或者删除这段效果不理想的音频文件。完成操作后单击"完成"按钮，关闭对话框，回到软件操作界面。接着可以对音频做进一步的处理。

步骤⑨　按下鼠标左键的同时移动鼠标，将"时间指针"移到该音频片段开头位置，按空格键，播放音频进行监听效果。

图4-35　录音结束时弹出的"录音文件"对话框

9）音频的淡入淡出效果处理。

对音频的处理最常用的就是"淡入淡出"效果，即是声音的渐强渐弱。在影视作品中，背景音乐的开始处通常是渐强的过程，想象一下，假若音乐突然响起，会给观众带来怎样一种突兀的感觉。另外，背景音乐的结尾处通常采用渐弱的效果，这样才能给观众以一种听觉上渐渐淡出的感觉。总之，对音频"淡入淡出"的处理，是要根据影片情节的实际需求来选择和设置的。

方法1：软件对于音频和视频的淡入淡出都是用一条曲线来表示的，下面来学习一下音频的"淡入淡出"操作，如图4-36所示。

步骤① 用鼠标指向音频片段的左上顶角，当鼠标指针变化成⊕状态后，按下鼠标左键的同时移动鼠标，将"淡入曲线"向右拖动。

步骤② 放开鼠标左键，音频"淡入"效果完成。

步骤③ 用鼠标指向音频片段的右上顶角，当鼠标指针变化成⊕状态后，按下鼠标左键的同时移动鼠标，将"淡出曲线"向左拖动。

步骤④ 放开鼠标左键，音频"淡出"效果完成。

步骤⑤ 按下鼠标左键的同时移动鼠标，将"时间指针"移到该音频片段的开头位置，按空格键，播放音频进行监听，我们将听到调节后的音频效果。

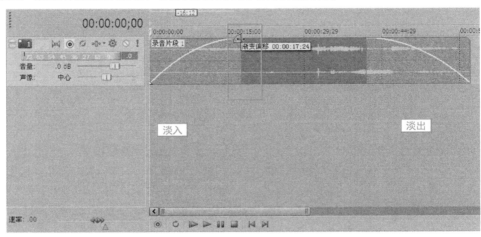

图4-36 音频的"淡入淡出"操作

方法2：两个音频之间也可以实现视频的"交叉淡化"效果的过渡。"自动交叉淡化"按钮的操作可以参考"4）添加'软切'过渡"的内容介绍。

步骤① 按下鼠标左键的同时移动鼠标，将"时间指针"移到需要分割的任意时间点上，并按 <S> 键，将音频素材快速分割。

步骤② 单击选择被切割音频素材的后半段。按下鼠标左键的同时移动鼠标，将该音频片段向左移动，使其与音频片段前半段相叠加。第一段音频素材与第二段音频素材重叠处，将自动生成"交叉淡化"效果，如图4-37所示。

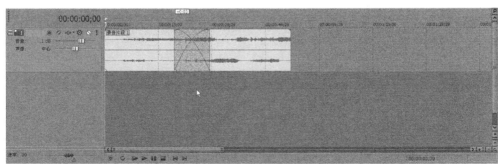

图4-37 音频的"交叉淡化"效果

方法 3：在不同轨道的音频之间也可以实现"淡入淡出"效果。

步骤① 单击选择上一个操作分割出来的音频片段，按下鼠标左键的同时移动鼠标，将该音频片段向下移动。软件自动产生"音频轨道 2"。

步骤② 按下鼠标左键的同时移动鼠标，将"音频轨道 2"上的音频片段向左移动，使"音频轨道 2"中的音频与"音频轨道 1"中的音频承上启下。

步骤③ 用鼠标指向"音频轨道 1"音频片段的右上顶角，当鼠标指针变化成 ⏴⇥ 状态后，按下鼠标左键的同时移动鼠标，将"淡出曲线"向左拖动。

步骤④ 用鼠标指向"音频轨道 2"音频片段的左上顶角，当鼠标指针变化成 ↤⏵ 状态后，按下鼠标左键的同时移动鼠标，将"淡入曲线"向右拖动。

步骤⑤ 按下鼠标左键的同时移动鼠标，将"时间指针"移到两段音频的重叠位置，按空格键，播放音频进行监听，我们将听到调节后的音频效果，如图 4-38 所示。

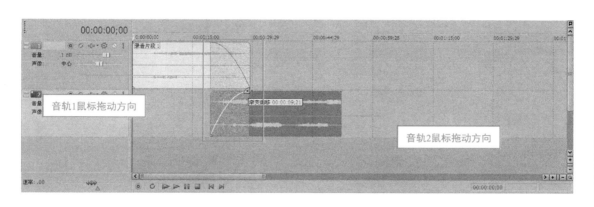

图 4-38　不同轨道的"淡入淡出"效果

方法 4：在实际的背景音乐和解说声音编辑中，时常会遇到录音效果不佳，需要通过改变音乐的声道，调节音量的大小等操作来解决问题。

步骤① 在"音频轨道状态栏"的空白处单击鼠标右键，在弹出的快捷菜单中选择"插入 / 删除包络"复选项，然后分别选择"音量"与"声像"命令，如图 4-39 所示。

音频轨道上分别添加了一条棕色"声像"调节线和一条蓝色"音量"调节线，如图 4-40 所示。

步骤② 在调节线的任意时间点上，双击鼠标左键，"调节线"上即生成一个"控制点"。当添加多个"控制点"即可控制当前点的"声像"和"音量"参数。

步骤③ 按下鼠标左键的同时移动鼠标，将"控制点"上下移动。"调节线"随着"控制点"的移动产生曲线变化。

"声像控制点"向上移动则左边声音比较强，反之向下移动则右边声音较强；"音量控制点"向上移动则音量增大，向下移动则音量减小，如图 4-41 所示。

步骤④ 要删除控制点时，首先选择"控制点"并单击鼠标右键，在弹出的快捷菜单中选择"删除"命令。

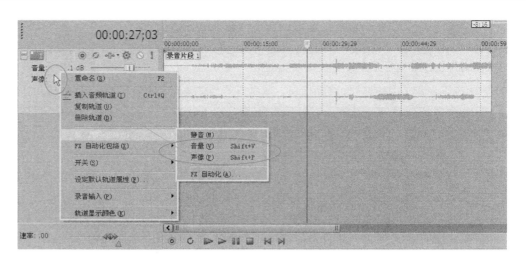

图 4-39　调出音频轨道的"音量"、"声像"调节线

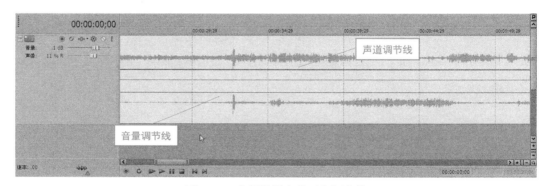

图 4-40　音频轨道上的两条调节线

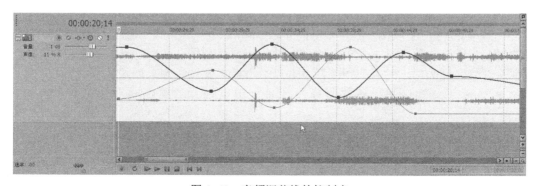

图 4-41　音频调节线的控制点

◁»)注意

　　单个控制点是不能控制当前点的时间的音频效果，必须有两个或两个以上控制点时才能控制当前点位置的音频效果。单个控制点不能产生曲线变化，所以不能改变当前时间点的音频效果。

4.1.2　岗前实训指导

任务 1　宣传片的字幕编辑

◗ 任务情境

校园电视台明天将要播放学校动漫社团制作的一部游戏宣传片。周明是电视台的视频编辑，今天早上台长给他临时布置了一个任务。

台长：周明，学校动漫社团的同学最近完成了一款游戏，想在咱们校园电视台的黄金时间段宣传一下。这是他们送过来的宣传视频，你检查一下。

周明从台长手上接过视频资料……

周明：台长，他们送过来的宣传视频忽略了字幕，这样会影响视频宣传主题的，你看怎么办？

台长：明早就要播出了，为了不耽误我们的节目编排，你就负责帮他们制作一个片头字幕吧，内容就定为"星际争霸 2 预告片"。

周明：好吧，我会很快完成的。

◗ 任务分析

1）本任务中需要运用 Sony Vegas 视频编辑软件给制作好的宣传片添加片头字幕和片尾字幕。通过使用软件实现电视台播出前的"彩条"信号、宣传片片头字幕和片尾字幕，以及最终完成宣传片的整体制作。

2）在本任务中，将会使用编辑软件的媒体生成器生成彩条信号，通过多视频轨道编辑功能在影片素材前面添加文字特效和彩条特效，将影片素材编辑连接，最后给影片添加一个滚动字幕，完成影片整体效果。

3）本任务需要掌握 Vegas 软件的轨道剪辑、媒体导入、文字输入设置等操作技巧。

4）本任务的完成需要能够积极地与组员相互沟通和学习。

◗ 任务实施

（1）添加彩条、黑屏特效

步骤① 在 Windows 操作系统桌面上单击"开始"按钮，选择"所有程序"→"Sony Vegas"命令，正式启动 Sony Vegas 音视频编辑软件。

步骤② 在"媒体发生器"面板中，选择"测试图（Test Pattern）"选项，按下鼠标左键的同时移动鼠标，将预置窗口中的"彩条"效果拖到"时间线"上，弹出"视频媒体发生器—彩条视频属性"对话框，调整"彩条"素材长度。有两种方法可以调整"彩条"素材的长度：方法 1，在弹出的"视频媒体发生器—彩条视频属性"对话框中设置"长度"值为"00:00:10:00"；方法 2，按下鼠标左键的同时移动鼠标，拖动"彩条"素材的后（或前）边缘，使其"彩条"素材为"10s"。

步骤③ 选择"纯色（Solid Color）"选项，按下鼠标左键的同时移动鼠标，将"黑色（Black）"效果拖到"时间线"上。使用"彩条"素材设置方法调整"黑色"素材长度为"5s"，并把"彩条"放置于"黑色"素材之前，如图 4-42 所示。

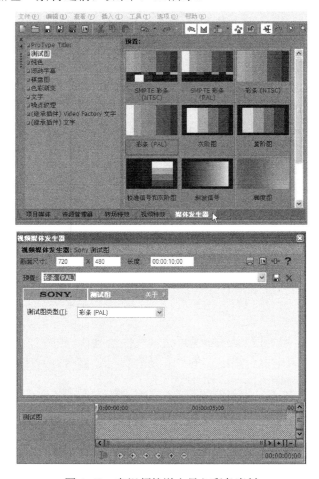

图 4-42　在视频轨道上导入彩条素材

（2）添加静态字幕

步骤① 在视频轨道上单击鼠标右键，从弹出的快捷菜单中选择"插入视频轨道"命令，增加一条空白的视频轨道，如图 4-43 所示。

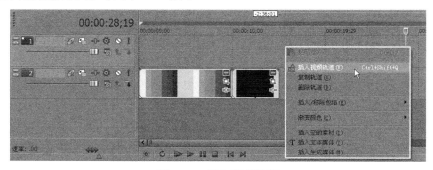

图 4-43　插入视频轨道

步骤② 在"媒体发生器"面板中选择"文字"选项，按下鼠标左键的同时移动鼠标，将"默认文字"效果拖到新增加的视频轨道上，并把"文字"效果片段放置于"彩条"效果片段之上。软件自动弹出"视频媒体发生器—文字属性设置"对话框，如图4-44所示。

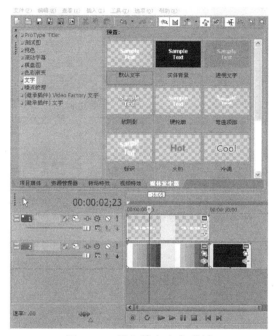

图 4-44　导入静态文字素材

🔊注意

"文字属性设置"对话框用于设置文字素材的画面大小、时间长度、输入字幕文字、设置字幕位置、文字特效等，分别由编辑、布局、属性、特效面板组成。

步骤③ 在弹出的"视频媒体发生器—文字属性设置"对话框中，单击选择"编辑"选项卡，输入字幕文字"星际争霸2预告片"，设置"文字字体"为"黑体"，"字体大小"为"36"，单击选择"加粗"效果按钮，如图4-45所示。

步骤④ 单击选择"布局"选项卡，选择布局窗口中的文字效果，按下鼠标左键的同时移动鼠标，将"文字"效果上下左右拖动，调整字幕在画面中的位置。调整到的位置"X"值为"−0.010"，"Y"值为"0.167"，同时在软件预览窗口中可以看到字幕在画面上的位置，如图4-46所示。

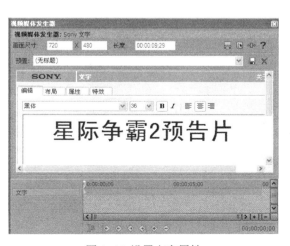

图 4-45 设置文字属性

87

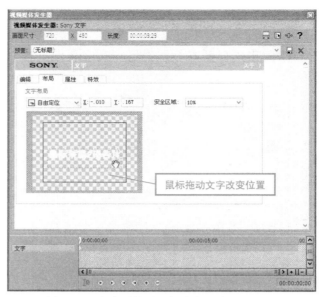

图 4-46　文字属性对话框中的"布局"面板

🔊》注意

　　　文字要放置在预览窗口中棕色线条组成的"安全区"内，这样在电视播出时才能保证文字显示完整。

　　步骤⑤ 单击选择"属性"选项卡，设置"文字"颜色为"白色"（数值为 R：255，G：255，B：255）；设置"不透明度"值为"100%"；背景颜色为"黑色"（数值为 R：0，G：0，B：0）；"不透明度"值为"0%"；"行间距"值为"1.0"；"字间距"值为 1.037；"缩放"值为"1.222"，如图 4-47 所示。

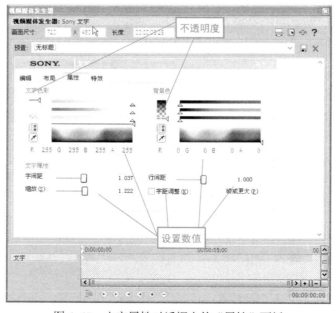

图 4-47　文字属性对话框中的"属性"面板

步骤⑥ 单击选择"特效"选项卡，用于设置文字的轮廓线颜色、边缘羽化效果、轮廓宽度、阴影颜色以及多种变形特效，如图 4-48 所示。

首先勾选"加上阴影"特效复选框，设置"阴影颜色"为"黑色"（数值为 R：0, G: 0, B: 0）；"羽化"值为"0.200"；"X 偏移"值为"0.030"；"Y 偏移"值为"0.030"。如果需要加上"轮廓"和"变形"特效则按照"阴影"特效操作的方法，设置其调节参数。

步骤⑦ 关闭"视频媒体发生器—文字属性设置"对话框，单击鼠标左键拖动字幕边缘或在文字属性对话框中设置参数值，使其与"彩条"素材的时间长度一样，这样在预览窗口里可以看到叠加到画面上的静态字幕了。

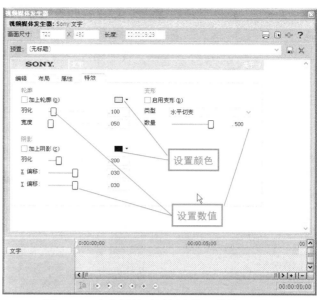

图 4-48　文字属性对话框中的"特效"面板

（3）导入视频片段

在时间线空白处单击鼠标右键，在弹出的快捷菜单中选择"打开"命令，导入教学光盘 \ 第 4 章 \ 素材库 \4.1.3\ "字幕练习 .mpg"。

（4）添加滚动字幕

步骤① 在"媒体发生器"面板中，找到"滚动字幕"选项，按下鼠标左键的同时移动鼠标，将"简单滚动，黑色背景"效果拖到视频轨道上，与视频素材相连接，如图 4-49 所示。

图 4-49　导入滚动字幕素材

步骤② 弹出"视频媒体发生器—滚动字幕"对话框，在左边窗口的文字输入栏内逐一输入字幕内容。输入时首先要选择字幕栏，字幕栏变为蓝色后，调出中文输入法，分别输入"团队名称"、"作者名字"、"音乐出处"等文字内容，如图 4-50 所示。

图 4-50 "视频媒体发生器—滚动字幕"属性对话框

🔊注意

"滚动字幕"对话框主要是用来设置字幕的画面大小、时间长度、滚动方向、滚动速率、特效参数等内容，它分别由"字幕文字输入区"、"属性"面板、"风格"面板组成。

步骤③ 单击选择"属性"选项卡，在"位置"窗口中有两个方形控制点，它们可用来调节字幕在屏幕中的绝对位置。设置"左边"值为"0.100"；"右边"值为"0.900"；"滚动方向"为"向上（正向）"，如图 4-51 所示。

步骤④ 单击选择"风格"选项卡，在"名称"下拉列表框中选择"双排字幕"，设置"字体"为"Arial"值为"20"；"颜色"为"白色"；"左右变字体"为"居中"；"字间距"值为"1.000"；"上行间距"值为"0"；"下行间距"值为"0.05"，如图 4-52 所示。

步骤⑤ 设置好字幕的内容和属性后，关闭特效设置窗口，然后播放预览最终效果，检验是否符合设计的效果。

图 4-51 滚动字幕"属性"面板　图 4-52 滚动字幕"风格"面板

◀))注意

对于旁白字幕字体的选择，通常不需要选择抽象化、艺术化的字体，容易清晰识别才是最关键的。同样，在为标题字幕运用特效时，我们必须根据实际情况来选择，一味追求花哨的效果，往往会喧宾夺主。

（5）结束编辑

步骤① 编辑任务完成后，及时与组员沟通，做好修改完善工作。

步骤② 妥善保存工程文件以及素材文件等，以备日后调整时使用。

任务评价表

评委组由你和指导教师组成。各小组的最终得分，应由个人自评以及指导教师给出的分值综合统计得出，见表4-6。

表 4-6　任务评价表

小组名称：＿＿＿＿＿＿＿　　组员名单：＿＿＿＿＿＿＿　　评委签名：＿＿＿＿＿＿＿

一 级 指 标	二 级 指 标		个 人 自 评			指 导 教 师		
			3	2	1	3	2	1
知识与技能目标	素材准备规范	充分利用现有素材 1.5 分 自行收集其他资源 1.5 分						
	设备操作规范	开关设备流程规范 1 分 爱护设备，没有人为损坏现象 2 分						
知识与技能目标	剪辑操作规范	片头字幕和片尾字幕 0.5 分 实现"彩条"信号 0.5 分 添加文字特效 0.5 分 添加彩条特效 0.5 分 媒体导入 0.1 分 轨道剪辑 0.4 分 文字输入设置 0.5 分						
	其他操作规范	内容完整 0.5 分 PAL 制式 0.5 分 画面无夹帧或跳帧 0.5 分 音量大小合适 0.5 分 镜头与镜头间过渡得当 0.5 过程文字记录完整 0.5 分						
过程与方法目标	沟通交流	交流充分，相互学习 2 分 是否能举一反三 1 分						
	创新修正	作品具备创新意识 1 分 是否能总结出操作要领 1 分 敢于反思修正 1 分						
情感态度与价值观目标	正确人生观	同学相互尊重 1 分 学习态度端正 1 分 良好课堂习惯 1 分						
	正确价值观	能吃苦耐劳，坚持不懈，不断探求问题解决之道 3 分						
统计分值			分			分		
请登记该小组实际完成任务总时长								

任务 2　音画虚实对位训练

任务情境

学校准备参加中小学校园电视评选，影视小组经过精心编剧，策划拍摄了一部影视作品。今天影视小组的组长王老师遇到了技术问题，于是找到了校园电视台的周明。

王老师：周明呀，我们的作品在拍摄过程中遇到一个问题。

周明：王老师，是什么问题把您都给难住了？

王老师：是这样的，我们的作品中有一个场景需要表现手枪射击的真实瞬间。由于我国的法律限定使用枪械，所以影视小组只能找到仿真枪来拍摄素材。遗憾的是，我们始终觉得拍摄回来的素材缺少些真实感。

周明：哦，原来是这个问题把您难住了。那不如你们就在作品后期做一个枪击的音响和光影特效吧。

王老师：可以吗？

周明：当然可以，王老师，这个任务就包在我身上吧！

任务分析

1）本任务要求准确真实地结合枪械发射的声音和实际的光影效果，展现手枪发射瞬间的真实感。

2）因为涉及声音和光效，所以可以利用 Vegas 软件的音频编辑功能，剪辑音效。通过多轨道编辑功能，组接声音和画面，然后利用软件单色素材制作光影效果进行技巧性剪辑组接，以达到客户需要的最终效果。

3）本任务需要掌握音频素材的剪辑、遮罩的使用、视频输出的基础知识，另外还涉及音频的切入点、遮罩的设置、光影的生成等操作技巧。

4）本任务的完成不但需要熟练运用 Sony Vegas 编辑软件的相关特效，而且还要考验个人对真实场景的观察、思考能力。在声音和光影特效知识的基础上加深认识，强化技能的实际操作运用能力和综合运用能力。

任务实施

（1）启动软件

首先，按正常顺序开启非编工作站，在 Windows 操作系统桌面上单击"开始"按钮，选择"所有程序"→"Sony Vegas"命令，正式启动 Sony Vegas 音视频编辑软件。

（2）预览影片

打开教学光盘 \ 第 4 章 \ 素材库 \4.1.3\ "射击 .MOV"文件，先预览影片，了解影片的基本内容。

（3）新建工程方案

步骤① 单击菜单栏中的"文件"按钮，在其下拉文件菜单中，选择"新建"命令，弹出"新建项目"对话框。

步骤② 在"新建项目"对话框中打开"模板"下拉列表框，选择 PAL DV（720×576，25.000fps）模式，其他的音频、标尺、摘要等参数选项，保持默认模式即可，如图 4-53 所示。

图 4-53　"新建项目"对话框

（4）导入视频素材

在时间线空白处单击鼠标右键，在弹出的快捷菜单中选择"打开"命令，导入教学光盘 \ 第 4 章 \ 素材库 \4.1.3\ "射击 .MOV"视频素材，如图 4-54 所示。

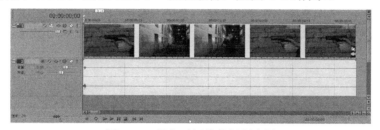

图 4-54　导入时间线的视频素材

（5）删除不必要的音频轨道

步骤① 选择单击编辑工具栏上的"忽略素材分组按钮"，选择音频轨道，在音频轨道上单击鼠标右键，在弹出的快捷菜单中选择"删除"命令，如图 4-55 所示。

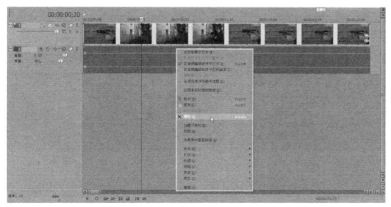

图 4-55　删除音频轨道上的音频

步骤② 单击菜单栏中的"文件"按钮，在其下拉文件菜单中选择"打开"命令，在弹出的"打开"对话框中，导入"手枪声响.wav"音频素材文件，如图4-56所示。

（6）编辑声音与视频画面

步骤① 按下鼠标左键的同时移动鼠标，拖动"手枪声响.wav"音频素材，使其与视频画面相应位置对齐，如图4-57所示。

步骤② 按下鼠标左键的同时移动鼠标，将"时间指针"移到音频文件的开头位置，按空格键，播放影片素材。并在"预览窗"观察画面与声音是否对应。通过预览发现音频文件的长度明显比手枪射击的画面要长许多，接下来的工作就是重新编辑音频的长度。

图4-56 导入音频素材文件

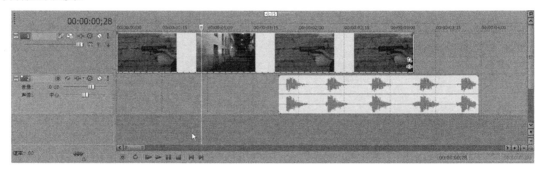

图4-57 音频与视频画面对应

步骤③ 观察"音频轨道"的波形图，找到声响与声响之间的分割点，单击选中的音频素材，按下鼠标左键的同时移动鼠标，将"时间指针"拖到分割点，按 <S> 键分割音频素材，如图4-58所示。

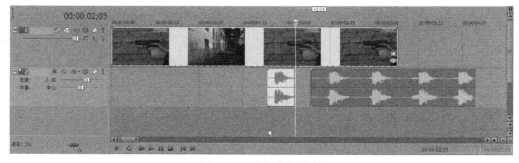

图4-58 分割音频素材

从预览画面可以看出，视频片段里手枪有5次射击画面，根据步骤③的做法，把音频素材分割成5个部分，如图4-59所示。

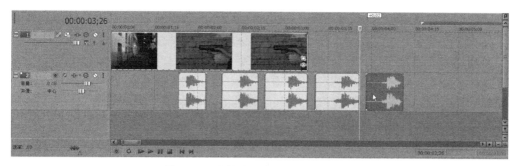

图 4-59　分割成 5 个部分的音频素材

步骤④ 鼠标指向被分割音频素材的末尾边缘时会出现一个带方框的左右箭头，此时按下鼠标左键的同时移动鼠标，将音频素材的"尾端"向左移至波形结束的位置，如图 4-60 所示。

步骤⑤ 松开鼠标左键即可删除空白的音频部分。

步骤⑥ 按下鼠标左键的同时移动鼠标，将"时间指针"拖到手枪射击的画面。

步骤⑦ 拨动鼠标滚轮放大"时间线"，观察"预览窗口"中的视频画面。

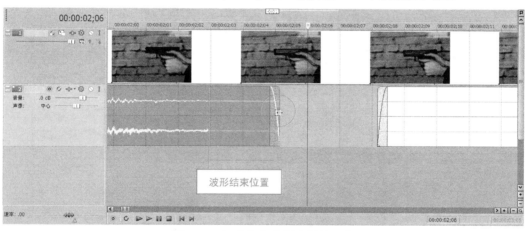

图 4-60　调整每段音频素材的长度

步骤⑧ 按 < ← > 或 < → > 键，精确找到手枪击发画面，这正是手枪需发出声响的时刻。选择分割调整好的音频片段，按下鼠标左键的同时移动鼠标，将剪切好的音频素材拖到手枪击发画面下的"音频轨道"上，如图 4-61 所示。

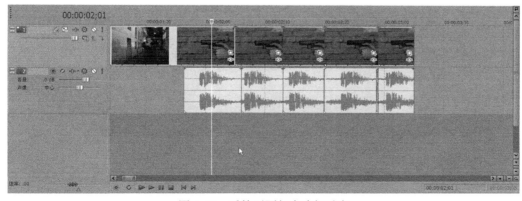

图 4-61　手枪画面与声响相对应

　　然后仔细调整音频片段让每个手枪击发的时刻都准确对应每个声响的波形位置。调整好后，播放预览整个手枪射击的片段，观察声音和画面是否衔接准确。

　　（7）制作光效遮罩

　　通过播放预览确定声音和画面已经剪辑好了。接下来给视频添加光影效果，手枪射击时除了有声音还应该有火光，因此我们要利用软件的功能来给视频画面增加一些光影特效，让画面效果更为丰满细腻。

　　步骤① 鼠标指向视频轨道，单击鼠标右键，在弹出的快捷菜单中选择"插入视频轨道"命令，在视频轨道上方生成一条空的视频轨道，如图4-62所示。

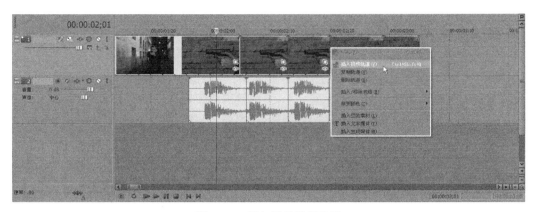

图4-62　插入新的视频轨道

　　步骤② 接着在"媒体发生器"面板中选择"色彩渐变"选项，按下鼠标左键的同时移动鼠标，将"线性，红色→黄色"效果拖到新增加的视频轨道上，如图4-63所示。

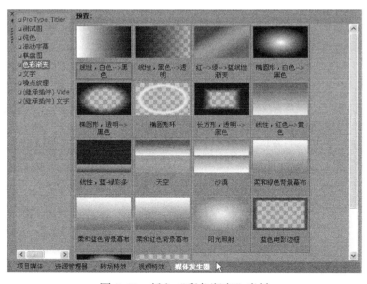

图4-63　插入"彩色渐变"素材

　　在弹出的"视频媒体发生器—色彩渐变"属性对话框中设置"宽高比角度"值为"-1.7"；将渐变控制点"①"设置"距离"值为"-0.436"；改变"色彩"值为"R：249，G：255，

B：83，A：255"，如图 4-64 所示。

　　将渐变控制点"②"设置"距离"值为"0.335"；改变"色彩"值为"R：255，G：160，B：40，A：255"，如图 4-65 所示。

图 4-64　在"色彩渐变"属性对话框设置渐变点①

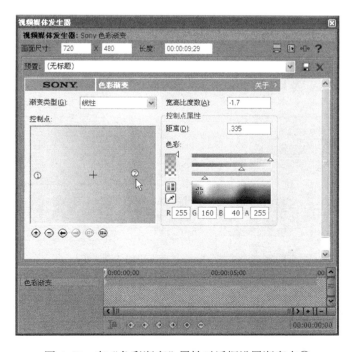

图 4-65　在"色彩渐变"属性对话框设置渐变点②

步骤③ 设置好色彩渐变点"①"和"②"的参数后，关闭对话框。在"色彩渐变"视频轨道上，按 <S> 键分割"色彩渐变"素材，使其长度与"手枪"素材一次"枪击"的时间长度相同。

步骤④ 单击"素材平移 / 剪切"按钮，如图 4-66 所示。

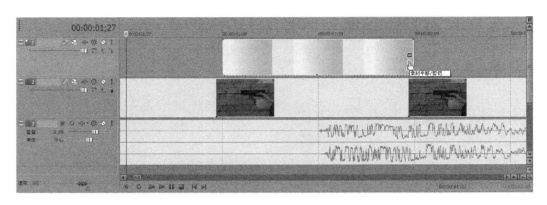

图 4-66   单击"素材平移 / 剪切"按钮

在弹出的"素材平移 / 裁切"属性对话框中勾选"遮罩"复选框，单击选择"遮罩"面板，切换至遮罩属性界面，如图 4-67 所示。

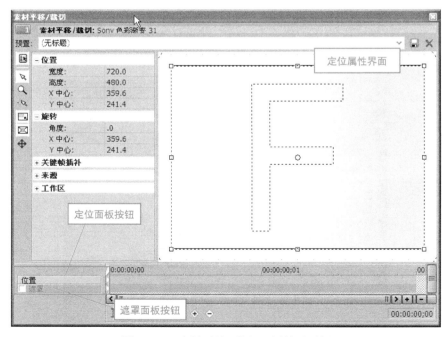

图 4-67   "素材平移 / 裁切"属性对话框

步骤⑤ 在"遮罩"属性界面，使用"钢笔工具"根据手枪射击出现的火光外形，勾勒出遮罩边缘，并细微调整遮罩边缘，使其更像射击时发出的火光，如图 4-68 所示。

在"预览窗口"可以看到添加了遮罩的视频画面，如图 4-69 所示。

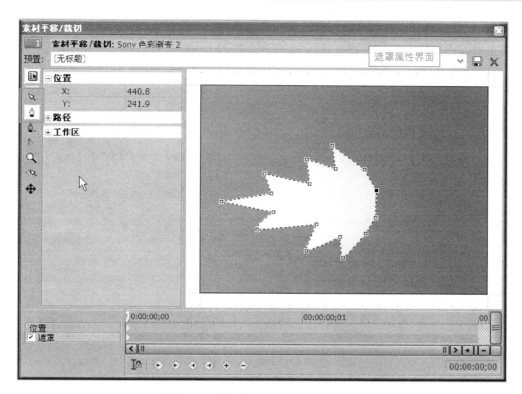

图 4-68 用钢笔工具画出火焰型遮罩

图 4-69 在预览窗口观察到的画面

步骤⑥ 单击选择"定位"面板，切换至"定位"属性界面。按下鼠标左键的同时移动鼠标，将"色彩渐变"特效的"虚线框"拖至合适位置，同时观察预览窗口，使得火光型

"遮罩"位于枪口附近。按下鼠标左键的同时移动鼠标，调节虚线框的"调节句柄"使其"遮罩"的大小与"手枪"素材的画面相匹配，如图4-70所示。

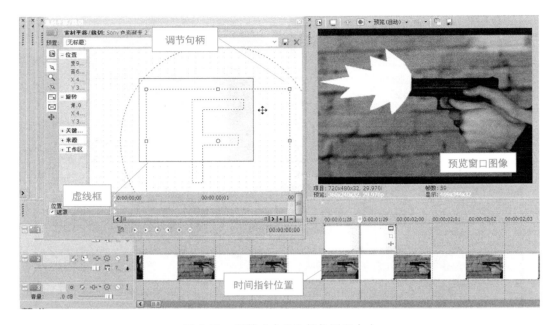

图4-70　调整"火光"的位置和大小

（8）设置光效模糊效果

步骤① 关闭"素材平移/裁切"属性对话框。在"视频FX（特效）"面板中选择"径向模糊"选项，按下鼠标左键的同时移动鼠标，将"预置窗口"中的"中等的，成比例的"效果放置于"色彩渐变"素材上，如图4-71所示。

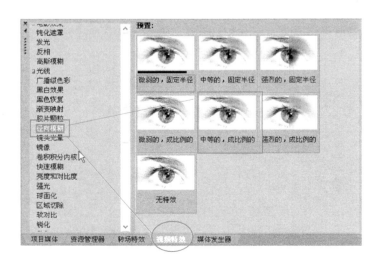

图4-71　给"彩色渐变"添加模糊效果

步骤② 在弹出的"径向模糊"属性对话框中设置"X"值为"0.711"，"Y"值为"0.342"，"强度"值为"0.8091"，如图4-72所示。

步骤③ 在"视频 FX（特效）"面板中选择"线性模糊"选项，按下鼠标左键的同时移动鼠标，将"预置窗口"中的"水平 轻度"效果拖放置于"色彩渐变"素材上，给"彩色渐变"素材添加"线性模糊"特效。在弹出的"线性模糊"属性对话框中设置"角度"值为"0"，"数量"值为"0.097"，如图 4-73 所示。

图 4-72　设置"径向模糊"参数

图 4-73　设置"线性模糊"参数

步骤④ 在"视频 FX（特效）"面板中选择"发光"选项，按下鼠标左键的同时移动鼠标，将"预置窗口"中的"白色柔光"效果拖放置于"色彩渐变"素材上，给"彩色渐变"素材添加"发光"特效。在弹出的"发光"属性对话框中设置"发光比例"值为"0.22"，"强度"值为"2.726"，"抑制"值为"0.273"，"色彩"为"白色"，数值为"R：255，G：255，B：255"，如图 4-74 所示。

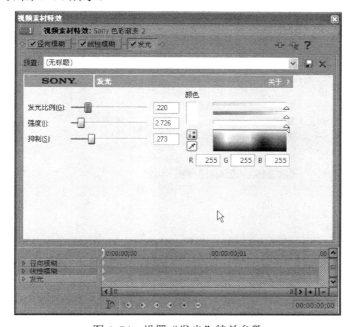

图 4-74　设置"发光"特效参数

（9）添加环境光效果

制作好"火光"素材后，还要给画面环境增加一些环境光，以增强画面的真实感。

步骤① 在视频轨道上单击鼠标右键，从弹出的快捷菜单中选择"插入视频轨道"命令，增加一条空白的视频轨道。

步骤② 在"媒体发生器"面板中选择"纯色"选项，按下鼠标左键的同时移动鼠标，将"预置窗口"中的"橙色"效果拖放置于空白视频轨道上，如图4-75所示。

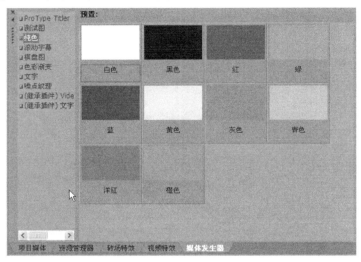

图4-75 导入"纯色"素材

在弹出的"视频媒体发生器—单色视频特效"属性对话框中按住鼠标左键拖动"色彩透明度"三角滑块到中间位置，设置"色彩"值为"R：255，G：128，B：0，A：148"，如图4-76所示。

图4-76 单色视频素材的参数设置

步骤③　关闭对话框，选择"单色"视频素材，按 <S> 键分割"单色"素材，使其长度与"色彩渐变"素材的时间长度相同，如图 4-77 所示。

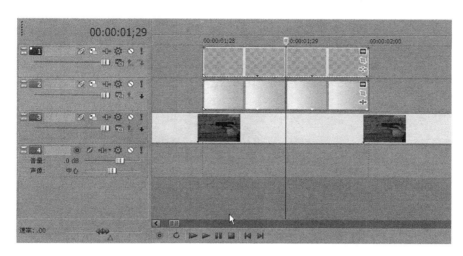

图 4-77　剪切单色视频素材的长度

步骤④　单击打开"单色"素材的"素材平移 / 裁切"属性对话框，选择"遮罩"面板。

步骤⑤　用"钢笔工具"画一个矩形"遮罩"框，设置"不透明度"值为"63.4"；"羽化类型"为"IN"；"羽化"值为"50"。然后将矩形"遮罩"框对位置的属性设置"X"值为"224.2"；"Y"值为"230.5"，如图 4-78 所示。

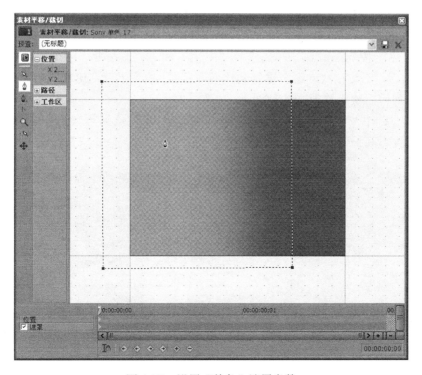

图 4-78　设置"单色"遮罩参数

步骤⑥ 特效参数设置好后，按下鼠标左键的同时移动鼠标，将"时间指针"移动到手枪开始射击的画面，按＜空格＞键，播放视频进行预览，我们将看到添加了音效和光效的视频效果，如图4-79所示。

图4-79 添加特效后的视频效果

（10）复制环境光效果

由于每声枪响都需要配上效果光，因此需要复制出5个已制作好的效果光。由于每次射击的时刻其手枪的位置都不同，因此需要调节每一个"效果光"素材的位置属性，以对应射击时枪口跳动的变化。

步骤① 首先，按＜Ctrl＞键，单击选择"单色"和"色彩渐变"两个视频片段。

步骤② 然后，按＜Ctrl+C＞组合键复制这两段视频。按下鼠标左键的同时移动鼠标，将"时间指针"移动到第二次手枪射击的画面上。

步骤③ 按＜Ctrl+V＞组合键把步骤②复制的视频片段粘贴到第二次手枪射击的位置。利用同样的方法编辑其他画面，如图4-80所示。

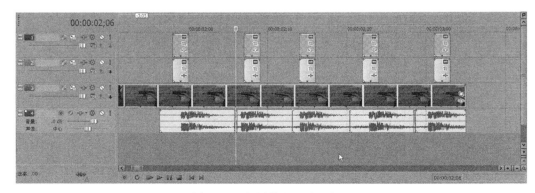

图4-80 复制粘贴"效果光"

步骤④ 复制粘贴完成后，按下鼠标左键的同时移动鼠标，将"时间指针"移到手枪开始射击的画面，按 < 空格 > 键，播放视频进行预览，我们将看到添加了音效和光效的视频效果（见图 4-79）。

（11）渲染输出制作好的视频片段

步骤① 渲染前，应观察视频轨道上的"循环工作区"包含的区域，如图 4-81 所示。

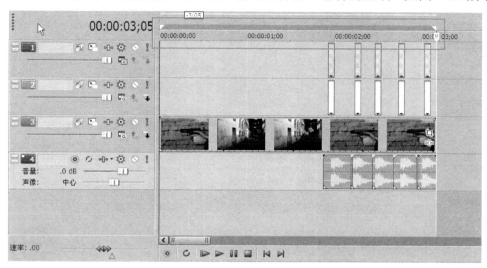

图 4-81　循环工作区包含的区域

步骤② 按下鼠标左键的同时移动鼠标，将"循环工作区"的黄色"三角"移到时间线的 0s 位置，如图 4-82 所示。

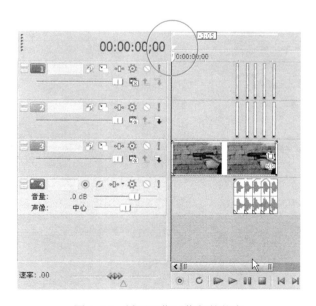

图 4-82　循环工作区收起的状态

步骤③ 单击菜单栏中的"文件"按钮，在其下拉文件菜单中选择"渲染为"命令，如图 4-83 所示。

图 4-83　打开渲染菜单

步骤④ 弹出"渲染为"对话框，如图 4-84 所示。

图 4-84　"渲染为"对话框

步骤⑤ 在"保存类型"下拉列表框中选择保存视频的格式，在"文件名"选项输入文件名称，如图 4-85 所示。

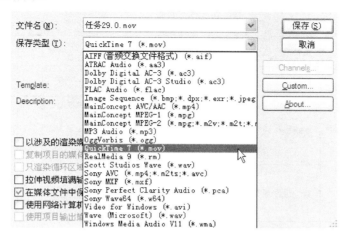

图 4-85　选择渲染保存类型

步骤⑥ 单击"保存"按钮，渲染开始，如图 4-86 所示。

图 4-86　编辑好的视频正在渲染

🔊注意

　　非编软件输出的格式有"AVI""WMV""MPG""MOV"等，我们在选择输出格式时要特别注意，根据不同的情况来选择不同的格式，有些格式质量高，但是文件大小很大，适合用做保存和播出。如果只是在网络上传输，则要求文件大小尽量小些，图像质量可以适当降低。

　　通常情况下要制作 DVD 光盘时需要渲染成 MPG2 的格式。"MOV"和"WMV"格式的视频相对比较小，同时也能保证图像质量，非常适合在网络上传输。

（12）结束编辑

步骤① 编辑任务完成后，及时与组员沟通，做好修改完善工作。

步骤② 妥善保存工程文件以及素材文件等，以备日后调整时使用。

🏷任务评价表

　　评委组由你和指导教师组成。各小组的最终得分，应该由个人自评以及指导教师给出的分值综合统计得出，见表 4-7。

表 4-7　任务评价表

小组名称：_____　组员名单：_____　评委签名：_____

一级指标	二级指标		个人自评			指导教师		
			3	2	1	3	2	1
知识与技能目标	素材准备规范	利用现有素材 1.5 分 收集并应用资源 1.5 分						
	设备操作规范	开关设备流程规范 1 分 爱护设备，没有人为损坏现象 2 分						
	剪辑操作规范	通过多轨道编辑功能，实现声音和画面组接 1 分 音画对位准确，自然 0.5 分 掌握遮罩的使用 1 分 视频输出 0.5 分						
	其他操作规范	符合 PAL 制式 0.5 分 播放流畅，无夹帧或跳帧 0.5 分 音画合理 0.5 分 特效逼真 1.5 分						
过程与方法目标	交流合作	交流充分，相互学习 1 分 是否能举一反三 1 分						
	创新修正	具备创新意识 1 分 能总结出操作要领 1 分 敢于反思修正 1 分						
情感态度与价值观目标	正确人生观	同学相互尊重 1.5 分 良好学习习惯 1.5 分						
	正确价值观	能坚持不懈，不断探索 3 分						
统计分值				分			分	
请登记该小组实际完成任务总时长								

任务 3　多机位剪接训练

任务情境

今天，校园电视台接到一项任务，一位商务专业课陈老师需要制作一段教学情境视频。这段情境视频需模拟公司里发生的一些业务流程，模拟情境时有几个人物需同时参加，并且人物之间需要有对话。为了更好地表现整个模拟情境，陈老师希望能用多个角度来表现整个业务流程。

陈老师：周明，我们如何才能在视频中用多角度来丰富画面，进而更好地表现出公司的业务流程呢？

周明：放心吧，陈老师。我们的摄影师会使用多机位来拍摄完成所有的镜头素材，接下来就是我们剪辑人员的工作了。

任务分析

1）本任务需要对所拍摄的素材进行完整有序的剪切和排列，以展现真实流畅的办公流程。

2）本任务的影片素材是多机位拍摄，所以就需要认真仔细地标注清楚每段视频素材的编号。鉴于素材较多，数量较大，在制作之前应建立好素材文件夹。同时，编辑有情境的多机位影片还应特别注意影片切换要合理，节奏要把握恰当，声画对位准确。

3）本任务需要熟练掌握多轨道视频剪切、镜头切换点、声音切换点、动作切换点等基础知识和多轨道调整、轨道的切换、字幕的设置等操作技巧。

4）由于本任务步骤繁多而杂乱，因此在实施过程中需要小组成员能够团结一致分工协作，有助于我们建立起良好的职业道德和团队情感。

任务实施

（1）启动软件

首先，按照正常顺序开启非编工作站，在 Windows 操作系统桌面上单击"开始"按钮，选择"所有程序"→"Sony Vegas"命令，正式启动 Sony Vegas 音频编辑软件。

（2）预览影片

分别打开教学光盘 \ 第 4 章 \ 素材库 \4.1.3\ "1 号机位 .mpg"、"2 号机位 .mpg"、"3 号机位 .mpg"、"4 号机位 .mpg"视频，并预览视频素材的基本内容。

（3）新建工程方案

步骤① 单击菜单栏中的"文件"按钮，在其下拉文件菜单中选择"新建"命令，弹出"新建项目"对话框，如图 4-87 所示。

步骤② 在对话框中打开"模板"下拉列表框，选择 PAL DV（720×567，25.000 fps）模式，其他的音频、标尺、摘要等参数选项，保持默认模式即可，如图 4-88 所示。

图 4-87　"新建项目"对话框

图 4-88　选择方案模板

（4）导入视频素材

单击菜单栏中的"文件"按钮，在其下拉文件菜单中选择"打开"命令或直接单击"工具栏"中的"文件夹"按钮 ，分别导入教学光盘 \ 第 4 章 \ 素材库 \4.1.3\ "1 号机位 .mpg"、

"2 号机位 .mpg"、"3 号机位 .mpg"、"4 号机位 .mpg"素材文件，如图 4-89 所示。

图 4-89　导入视频素材

（5）调整视频素材

根据编辑脚本，我们首先编辑处理"打电话情境"的视频部分，因而先删除"交接文件情景"的视频片段。

步骤① 在视频轨道上单击选择"3 号机位 .mpg"、"4 号机位 .mpg"视频片段，按 <Delete> 键，将这两段视频素材从视频轨道中删除。

步骤② 在视频轨道的空白区域单击鼠标右键，在弹出的快捷菜单中选择"插入视频轨道"命令，在"时间线"面板中就添加了一个新的"视频轨道"，如图 4-90 所示。

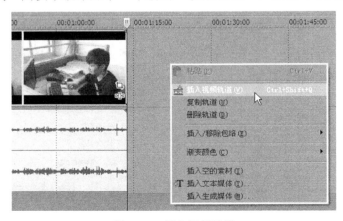

图 4-90　插入视频轨道

在音频轨道的空白区域单击鼠标右键，在弹出的快捷菜单中选择"插入音频轨道"命令，如图 4-91 所示。

图 4-91　插入音频轨道

步骤③ 按下鼠标左键的同时移动鼠标，将视频"2 号机位 .mpg"片段移到时间线的开头位置。

步骤④ 按下鼠标左键的同时移动鼠标，将视频"2 号机位 .mpg"的音频部分移到下一层"音频轨道"上，如图 4-92 所示。

图 4-92 调整音频轨道的位置

步骤⑤ 按下鼠标左键的同时移动鼠标，将视频"1 号机位 .mpg"的视频部分移到上一层空白"视频轨道"上。

步骤⑥ 按下鼠标左键的同时移动鼠标，将视频"1 号机位 .mpg"片段向左边移动，使其与视频"2 号机位 .mpg"互相叠加，如图 4-93 所示。

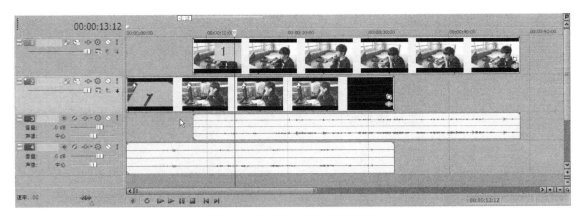

图 4-93　调整完后的音视频轨道

（6）编辑打电话视频

根据打电话的实际情况，利用两个角色之间的电话对话来做镜头切换。编辑时要找准每段视频的剪辑点，每次镜头切换剪辑好之后都要把"时间指针"移到镜头切换点之前进行播放预览，以观察剪辑组合后的视频画面是否流畅，声音衔接是否准确合理。由于拍摄不是一次完成的，所以每段视频的声音和画面稍微有些区别，要根据实际情况和编辑效果来做出必要的删除和组接，最终完成连贯、流畅的视频片段。

步骤① 按下鼠标左键的同时移动鼠标，将"时间指针"移到"时间线"的开头位置，按 < 空格 > 键播放视频。

步骤② 当镜头画面出现"开始打电话"情景时，按 <Enter> 键，让"时间指针"停止在要剪切的画面位置。按 < ← > 或 < → > 键逐帧移动"时间指针"，精确地找到"打电话"的第 1 帧画面。

步骤③ 按 <S> 键分割视频片段。单击选中分割出来的无用视频，按 <Delete> 键删除，如图 4-94 所示。

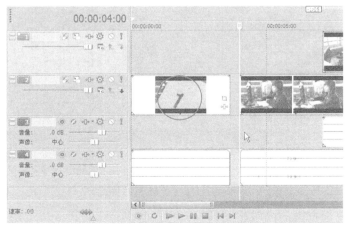

图 4-94　剪切处无用的视频画面

步骤④ 接着按 < 空格 > 键，继续预览视频。

步骤⑤ 当预览到"2 号机位 .mpg"视频素材中的女士拨打电话的动作完成的时刻时，

按 <Enter> 键，停止"时间指针"，接着按 < ← > 或 < → > 键逐帧移动"时间指针"，精确地找到"拨打电话完成"的画面。按 <S> 键，在该位置分割视频。

步骤⑥ 用同样方法剪切出"1 号机位 .mpg"中男士接电话和讲完第一句话（包括电话铃声的时间）的画面。

步骤⑦ 按下鼠标左键的同时移动鼠标，将步骤⑤中剪切出来的"男士接电话"视频片段移到"女士打电话"视频片段后面，排列好两段剪切出来的视频，如图 4-95 所示。

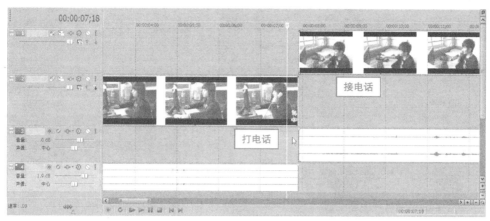

图 4-95　剪切出两个角色的画面

◀)) 注意

在多机位视频剪辑时要经常浏览两个摄像机拍摄的镜头，在两个镜头中找到剪切的剪辑点即镜头的切换点，通常情况下我们可以用对话声的段落来做切换的剪辑点，同时镜头中人物的动作也可以做剪辑切换点。

步骤⑧ 使用同样的方法，分别剪切出"2 号机位 .mpg"视频素材中女士每一句对话的画面和"1 号机位 .mpg"视频素材中男士每一句对话的画面。

步骤⑨ 根据打电话的对话顺序依次排列组接剪切好的视频片段，如图 4-96 所示。

图 4-96　把剪切好的视频组接起来

步骤⑩ 拨动鼠标"滚轮"放大"视频轨道"的尺寸，可以看到，由于组接操作的不细致，视频片段与视频片段之间有间隙，如图 4-97 所示。

单击选择剪切好的视频片段，按下鼠标左键的同时移动鼠标，将每一段视频片段与前面的视频片段紧密连接，如图 4-98 所示。

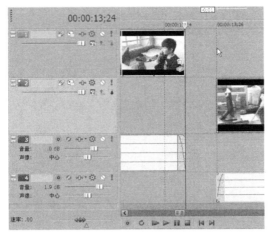

图 4-97　调整片段间隙前　　　　　　　图 4-98　调整片段间隙后

步骤⑪ 按下鼠标左键的同时移动鼠标，将"时间指针"移到"时间线"的 0s 位置，按 <空格> 键播放视频。仔细预览编辑组接好的"打电话"视频片段是否有错漏的镜头画面，如图 4-99 所示。

图 4-99　播放预览剪辑好的打电话片段

（7）调节音量的大小

通过预览剪辑好的影片可以发现两台摄像机拍摄的视频素材的音量大小并不一样。在一个完整的影片里面，声音的音量大小应该是相同的。可以利用"音频轨道"的"音量控制"滑块来调节音量大小。通过预览得知，视频"2 号机位 .mpg"的音量比较小，因此首先修改该视频的音量大小。

步骤① 找到视频"2 号机位 .mpg"的"音频轨道"所在层。并在"音频轨道"上的"属性状态区"找到"音量控制"滑块，按下鼠标左键的同时移动鼠标，将"音量滑块"向右移动，放大该音轨的音量大小，如图 4-100 所示。

步骤② 找到视频"1 号机位 .mpg"的"音频轨道"所在层。并在"音频轨道"上的"属性状态区"找到"音量控制"滑块，按下鼠标左键的同时移动鼠标，将"音量滑块"向左移动，适当减小该音轨的音量，使其与"2 号机位 .mpg"视频的音量大小相同。

步骤③ 按下鼠标左键的同时移动鼠标，将"时间指针"移动到"2 号机位 .mpg"视频片段与"1 号机位 .mpg"视频片段链接处，按 < 空格 > 键，播放视频进

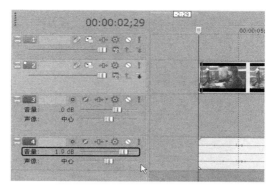

图 4-100　调节音频音量大小

行预览。通过多次播放预览，监听声音的音量大小是否一致，与画面配合是否准确，如图 4-101 所示。

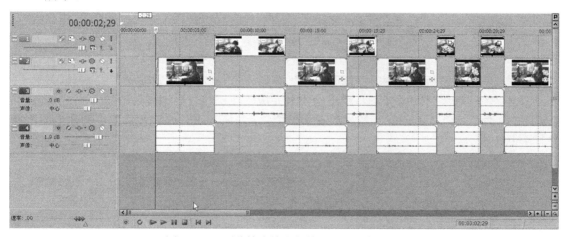

图 4-101　预览检查镜头与镜头间组接的效果

（8）给电话铃声和电话拨号声配音

由于拍摄时是一个模拟场景，一些真实环境中的声响没有录制下来，因此需要根据打电话的常识给这段编辑好的打电话情景配上拨号音和电话铃声。

步骤① 在时间线窗口中，单击鼠标右键，在弹出的快捷菜单中选择"插入音频轨道"命令，添加两条"音频轨道"。接下来，鼠标指向新添加的"音频轨道状态属性"区域，按下鼠标左键的同时移动鼠标，将新添加的两条"音频轨道"分别移至第 5 层和第 6 层，使之成为"音频轨道 5"和"音频轨道 6"。

步骤② 单击选择"音频轨道 5"，单击菜单栏中的"文件"按钮，在其下拉菜单中选择"打开"命令或直接单击"工具栏"中的"文件夹"按钮，导入教学光盘 \ 第 4 章 \ 素材库 \4.1.3\"电话等待声 .MP3"音频素材文件。

步骤③ 单击选择"音频轨道 6"，单击菜单栏中的"文件"按钮，在其下拉菜单中选择"打开"命令或直接单击"工具栏"中的"文件夹"按钮，导入教学光盘 \ 第 4 章 \ 素材库 \4.1.3\ 任务 3\"电话铃声 .MP3"音频素材文件。

步骤④ 按下鼠标左键的同时移动鼠标，分别将"电话等待声.MP3"和"电话铃声.MP3"两个音频素材移到"打电话"镜头与"接电话"镜头画面相对应的位置，如图4-102所示。

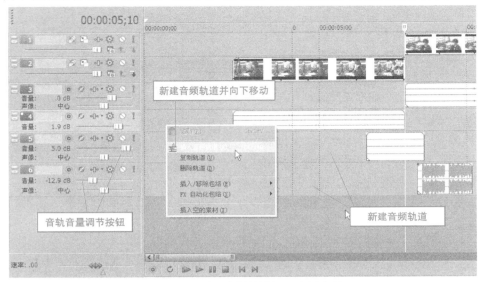

图4-102　导入音频轨道插入电话音效

步骤⑤ 单击鼠标左键将"时间指针"移到"打电话"镜头位置，接着按＜←＞或＜→＞键逐帧移动"时间指针"，精确地找到完成"按键拨号"动作的位置。然后单击鼠标左键将"电话等待声.MP3"音频素材放置于该位置，并调节该音轨的音量大小到合适的位置，如图4-103所示。

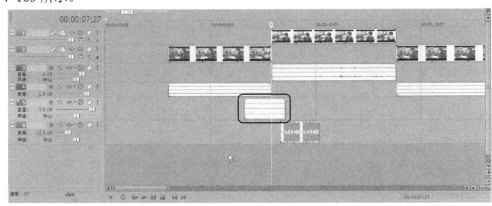

图4-103　导入的电话等待声

步骤⑥ 按下鼠标左键的同时移动鼠标，将"时间指针"移动到"接电话"镜头位置，接着按＜←＞或＜→＞键逐帧移动"时间指针"，精确地找到"接电话"的动作。然后按下鼠标左键的同时移动鼠标，将"电话铃声.MP3"音频素材置于该位置之前，使其"电话铃声"音频素材播放结束后，男角色开始进行"接听电话"的动作，并调节该音轨的音量大小到合适的位置，如图4-104所示。

步骤⑦ 单击鼠标左键将"时间指针"移动到"电话等待声.MP3"音频素材开始处，按＜空格＞键，播放视频进行预览。通过多次播放预览，监听声音的音量大小是否一致，与画面配合是否准确。

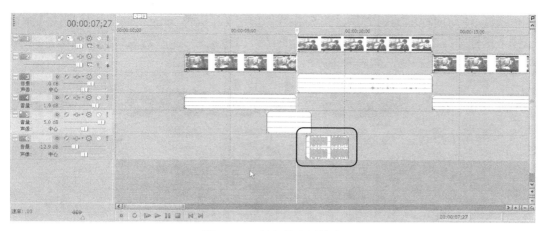

图 4-104　导入的电话铃声

（9）剪辑交接快件场景

在交接快件场景中，镜头的切换可以用男角色"递交文件夹"的动作来实现两台摄像机镜头的切换，镜头切换以流畅为原则即可。

步骤① 在"视频轨道"上导入"3 号机位 .mpg"和"4 号机位 .mpg"视频素材。

步骤② 使用"打电话"场景的编辑方法，找到"3 号机位 .mpg"递交快件袋镜头画面，按 <S> 键，在该位置分割视频，如图 4-105 所示。

图 4-105　"3 号机位 .mpg"递交邮件袋镜头

步骤③ 使用同样的编辑方法，找到并剪切出"4号机位.mpg"递交邮件袋镜头画面。接着按下鼠标左键的同时移动鼠标，将该画面移到"3号机位.mpg"递交快件袋镜头画面末尾，使两段视频片段首尾相连，如图4-106所示。

图4-106 "4号机位.mpg"递交邮件袋镜头

步骤④ 使用相同的编辑技巧编辑组接"填写快递单"场景和"接收邮件"场景。

步骤⑤ 单击鼠标左键将"时间指针"移到"交接邮件"场景开始处，按＜空格＞键，播放视频进行预览。通过播放预览，检查哪些镜头组接还存在瑕疵，音量是否一致。

步骤⑥ 拨动鼠标"滚轮"缩放"时间线"的大小，也可以使用"时间线"下方的"+""–"按钮来缩放"时间线"，以便查看视频片段之间组接位置是否有空隙存在，如图4-107所示。

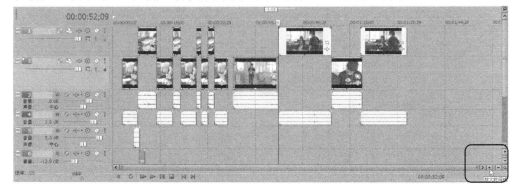

图4-107 剪辑完成的视频片段

118

（10）添加片头字幕效果

通过预览视频剪辑发现，镜头切换流畅，情节合理，但是还需要给影片加上片头标题和情景过渡的说明字幕，使得影片更加完整。

步骤① 在"媒体发生器"面板中，找到"文字"选项，按下鼠标左键的同时移动鼠标，将"硬轮廓"效果拖动到"视频轨轨道 2"的 0s 位置，如图 4-108 所示。

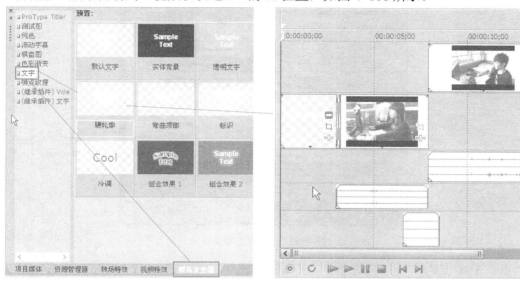

图 4-108　导入硬轮廓文字素材

步骤② 在弹出的"视频媒体发生器—文字属性设置"对话框中单击选择"编辑"选项卡，在"文字输入框"中输入文字"快递收寄情境"，设置"字体"为"黑体"，"字号"值为"40"，如图 4-109 所示。

步骤③ 单击选择"布局"选项卡，在"文字布局"窗口中选择"自由定位"选项，设置文字位置属性"X"值为"-0.020"，"Y"值为"-0.22"，"安全区域"值为"10%"，如图 4-110 所示。

图 4-109　输入片头文字

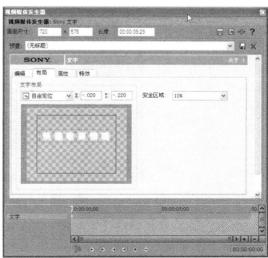

图 4-110　设置位置属性

步骤④ 单击选择"属性"选项卡，在"文字属性"选项区中设置"字间距"值为"1.425"，"行间距"值为"1.0"，"缩放"值为"1.0"，其他参数保持默认值，如图4-111所示。

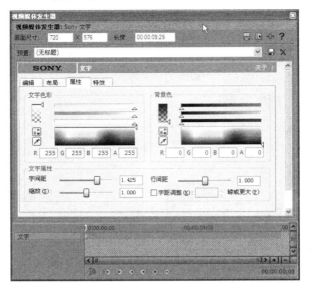

图4-111　设置文字属性

步骤⑤ 单击选择"特效"选项卡，在"轮廓"选项区中勾选"加上轮廓"复选框，设置"羽化"值为"0.29"，"宽度"值为"0.245"，颜色设置为"蓝色"，其他参数保持默认值，如图4-112所示。

图4-112　设置特效属性

步骤⑥ 关闭"视频媒体发生器—文字属性设置"对话框，单击选择"快递收寄情景"文字片段，按下鼠标左键的同时移动鼠标，将"时间指针"移动到"时间线"的3s位置，按<S>键，将文字片段剪切为3s的时间长度，如图4-113所示。

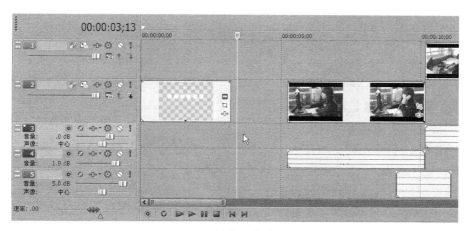

图 4-113　调整文字片段长度

步骤⑦ 按下鼠标左键的同时移动鼠标，将"时间指针"移到"时间线"的 0s 位置，按 < 空格 > 键播放视频，预览视频剪辑效果。

（11）调整视频片段

通过预览发现，"快递收寄情景"文字片段与编辑好的"打电话"视频片段存在间隙，这时我们可以使用"工具栏"上的"选择编辑工具"按钮，来调整编辑好的视频画面。

步骤① 首先，单击"工具栏"上的"选择编辑工具"按钮，如图 4-114 所示。

图 4-114　单击"选择编辑工具"按钮

步骤② 单击"轨道状态属性"面板上的"最小化轨道高度"按钮，接着按下鼠标左键的同时移动鼠标，将编辑好的"打电话"音视频片段全部框选，如图 4-115 所示。

图 4-115　调整视频片段间空隙

步骤③ 鼠标指向被框选的音视频片段（被框选的音视频素材呈灰色状态），按下鼠标左键的同时移动鼠标，将被框选的音视频片段向左移动与"快递收寄情景"文字片段相连。

（12）添加场景间字幕

为"打电话"场景与"收寄快件"场景之间加入字幕"20分钟后"文字片段，给两个场景间一个过渡效果。

步骤① 单击"轨道状态属性"面板上的"最小化轨道高度"按钮，展开"视频轨道1"和"视频轨道2"。

步骤② 按下鼠标左键的同时移动鼠标，将"时间指针"移到"视频轨道2"上"2.mpg"视频中女士挂电话的镜头画面位置。

步骤③ 在"媒体发生器"面板中，找到"文字"选项，按下鼠标左键的同时移动鼠标，将"硬轮廓"效果拖到步骤②中"时间指针"位置。

步骤④ 在弹出的"视频媒体发

图4-116 设置文字基本属性

生器—文字属性设置"对话框中，单击选择"编辑"选项卡，在文字输入框中输入"20分钟后"文字，设置"字体"为"黑体"；"字号"值为"40"，如图4-116所示。

步骤④ 单击选择"特效"选项卡，在"轮廓"选项区中，勾选"加上轮廓"复选框，设置"羽化"值为"0.1"，"宽度"值为"0.036"，颜色设置为"蓝色"，其他参数保持默认值，如图4-117所示。

图4-117 设置文字特效

步骤⑤ 单击选择"属性"选项卡，在"文字属性"选项区中设置"字间距"值为"1.481"，"行间距"值为"1.0"，"缩放"值为"1.0"，其他参数保持默认值，如图 4-118 所示。

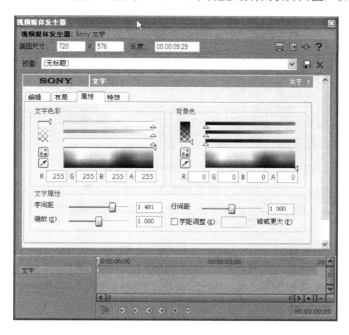

图 4-118　设置文字属性

步骤⑥ 关闭"视频媒体发生器—文字属性设置"对话框，拨动鼠标"滚轮"缩放"时间线"的大小，观察"20 分钟后"文字片段与前后视频片段的过渡效果。

步骤⑦ 单击选择"20 分钟后"文字片段，按下鼠标左键的同时移动鼠标，将该文字片段左右移动，使其与前后视频片段的"交叉淡化"效果长度相等，如图 4-119 所示。

图 4-119　制作交叉淡化效果

步骤⑧ 鼠标指针指向最后一段视频素材右上方的一个"三角形"即"过渡曲线"按钮，按下鼠标左键的同时移动鼠标，将"过渡曲线"向左拉伸，制作出一个"淡出"效果，如图 4-120 所示。

图 4-120　制作片尾淡出效果

步骤⑨ 编辑完成后，按下鼠标左键的同时移动鼠标，将"时间指针"移到"时间线"的 0s 位置，按 < 空格 > 键，播放视频进行预览，检查最终的编辑效果。

（13）渲染输出影片

渲染前，应观察视频轨道上的"循环工作区"的状态。

步骤① 单击菜单栏中的"文件"按钮，在其下拉菜单中选择"渲染为"命令，如图 4-121。

步骤② 在弹出的"渲染属性"对话框中选择"保存类型"下拉列表框，如图 4-122 所示。

图 4-121　选择"渲染为"命令

步骤③ 在"保存类型"下拉列表框中选择保存视频的格式，在"保存在"下拉列表框设置保存的位置，在"文件名"选项中输入文件名称，如图 4-122 所示。

步骤④ 单击"保存"按钮，开始渲染，如图 4-123 所示。

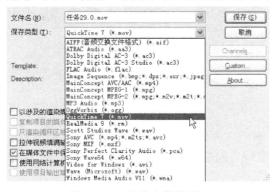

图 4-122　渲染文件类型

图 4-123　开始渲染

（14）结束编辑

步骤① 编辑任务完成后，及时与组员沟通，做好修改完善工作。

步骤② 妥善保存工程文件以及素材文件等，以备日后调整时使用。

任务评价表

首先，请同学们 4 人为一组，选出以 1 人为组长作为总监负责统筹编辑事务，制定编辑纲要，与摄像师沟通协调，最终合成全部视频剪辑等工作。1 人进行音视频素材收集整理，音频素材和文字素材编辑工作，2 人进行视频剪辑工作。每个组员相互配合轮流进行训练。最后，小组之间进行技术评比。

评委组由其他小组代表组成。各小组的最终得分，应该由该小组的自评以及评委组给出的分值总和统计得出，见表 4-8。

表 4-8　任务评价表

小组名称：＿＿＿＿＿＿　组员名单：＿＿＿＿＿＿　评委签名：＿＿＿＿＿＿

一 级 指 标	二 级 指 标		审 核 团			指 导 教 师		
			3	2	1	3	2	1
知识与技能目标	素材准备规范	素材分类标志 3 分						
	设备操作规范	正确开关设备 1.5 分 合理维护设备 1.5 分						
	剪辑操作规范	标注素材的编号 0.5 分 多轨道视频剪切 0.5 分 镜头切换点 0.2 分 声音切换点 0.2 分 动作切换点 0.2 分 多轨道调整 0.4 分 音画对位 0.5 分 字幕设置 0.5 分						
	其他操作规范	内容完整 0.5 分 PAL 制式 0.5 分 无夹帧或跳帧 0.5 分 声音音量大小合适 0.5 分 镜头间过渡得当 1 分						
过程与方法目标	交流合作	是否能举一反三 1.5 分 协作意识强烈 1.5 分						
	创新修正	作品具备创新意识 1 分 是否能总结出操作要领 1 分 敢于反思修正 1 分						
情感态度与价值观目标	正确人生观	同学相互尊重 1.5 分 良好学习习惯 1.5 分						
	正确价值观	建立良好职业道德 1.5 分 坚持不懈，不断探索 1.5 分						
统计分值			分			分		
请登记该小组实际完成任务总时长								

任务 4　剪辑节奏训练

任务情境

某市的电子竞技大赛又要开幕了，这一天周明接到张科员的电话。

张科员：小周吗？我是张科员。

周明：您好，张科员。找我有事吗？

张科员：小周，我们这边需要为即将举行的电子竞技比赛剪辑制作一个宣传短片。短片要求节奏感强烈，能烘托出大赛的活跃气氛。制作周期只能给你两天时间，你看能不能完成？

周明：张科员，时间比较紧张，我能否在当前比较流行的游戏宣传动画中节选出精彩画面，根据选定的背景音乐来制作这个宣传短片？

张科员：当然可以。

周明：那好吧，两天的时间应该可以完成了。明天我就先给您看看样稿。

张科员：太好了，工作交给你我就是放心！

任务分析

1）本任务需要制作出一段符合环境气氛、人物的情绪，并富有感染力的比赛宣传短片。

2）由于需要达到宣传的突出效果，所以本任务注重镜头画面的选择、音乐节奏的把握和字幕文字的处理，以期制作出一段富有感染力和带动性的宣传片。

3）本任务需要熟练掌握视频剪切、图片设置、镜头画面组接等基础知识和音频节奏的把握、文字特效的设置、多轨道素材的调整等操作技能。

4）本任务不仅要掌握相关专业技能，同时需要在视觉和听觉上具有一定的审美能力，达到陶冶艺术情操的目的。

任务实施

（1）启动软件

首先，按正常顺序开启非编工作站，在 Windows 操作系统桌面上单击"开始"按钮，选择"所有程序"→"Sony Vegas"命令，正式启动 Sony Vegas 音视频编辑软件。

（2）预览影片

分别打开教学光盘\第4章\素材库\4.1.3\"视频片段 A.mpg"、"视频片段 B.mpg"、"视频片段 C.mpg"、"视频片段 D.mpg"。预览视频素材，并且试听音频素材"背景音乐.MP3"。

（3）新建工程方案

步骤① 单击菜单栏中的"文件"按钮，在其下拉文件菜单中选择"新建"命令，打开"新建项目"对话框，如图 4-124 所示。

步骤② 在对话框中打开"模板"下拉列表框，选择 PAL DV（720×567，25.000 fps）模式，其他的音频、标尺、摘要等参数选项，保持默认模式即可，如图 4-125 所示。

图 4-124　打开"新建项目"对话框　　　　　图 4-125　设置方案模板

（4）导入素材

步骤① 单击菜单栏中的"文件"按钮，在其下拉菜单中选择"打开"命令或直接单击工具栏中的"文件夹"图标 🗀，导入教学光盘 \ 第 4 章 \ 素材库 \4.1.3\ 任务 4\"背景音乐.MP3"音频素材文件，如图 4-126 所示。

图 4-126　导入背景音乐素材文件

步骤② 单击菜单栏中的"文件"按钮，在其下拉菜单中选择"打开"命令或直接单击工具栏中的"文件夹"图标 🗀，导入教学光盘 \ 第 4 章 \ 素材库 \4.1.3\ 任务 4\"视频片段 A.mpg、视频片段 B.mpg、视频片段 C.mpg、视频片段 D.mpg"4 个视频素材文件，如图 4-127 所示。

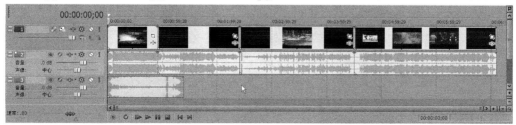

图 4-127　导入视频素材

（5）删除视频素材中的背景音乐

通过预览发现，这 4 个视频片段中有 3 个带有背景音乐，由于我们已经选定了背景音乐，所以需要删除这些音乐。

步骤：选择要删除的音频并单击鼠标右键，在弹出的快捷菜单中选择"删除"命令，如图 4-128 所示。

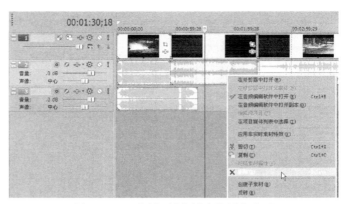

图 4-128　删除视频素材中的原有音乐

（6）编辑第 1 部分视频素材

通过对背景音乐的试听，我们发现背景音乐的前 34s 的节奏比较平缓，因此应该为该背景音乐配上镜头间隔时间较长的画面。在本练习提供的视频素材里可以找到很多这种视频画面，此处从"视频片段 A.mpg"、"视频片段 B.mpg"和"视频片段 D.mpg"中，分别节选10s 左右的画面，来配合第一部分的背景音乐。

步骤① 浏览"视频轨道"中"视频片段 A.mpg、视频片段 B.mpg、视频片段 D.mpg"的精彩镜头，分别确定需要节选的镜头。按下鼠标左键的同时移动鼠标，将"时间指针"移到相应位置，按 <S> 键分割视频。

步骤② 单击选择剪切下来的视频片段，按下鼠标左键的同时移动鼠标，将该视频片段拖到背景音乐渐渐响起的位置。

步骤③ 按下鼠标左键的同时移动鼠标，将"时间指针"移到背景音乐开始的位置，按< 空格 > 键，播放视频进行预览。通过预览找出背景音乐的重音节怕，细微调节视频素材的位置以便镜头画面能与背景音乐互相配合。

步骤④ 根据音乐的节拍段落，我们在背景音乐的第 1 段落上配 34s 左右的视频画面。节选出来的视频片段分别调整时间长度为 10s 左右，画面内容使用的节奏比较平缓。按下鼠标左键的同时移动鼠标，将这些视频片段依次组接在一起，如图 4-129 所示。

图 4-129　音乐 34s 之前的节奏比较舒缓

步骤⑤ 编辑完成后，按下鼠标左键的同时移动鼠标，将"时间指针"移到"时间线"的 0s 位置，按 < 空格 > 键，播放视频进行预览，观察剪辑的效果是否流畅。

（7）编辑第 2 部分视频素材

通过预览我们发现"背景音乐"在 34s 之后节奏开始变快，因而需要更紧凑的视频画面来诠释快节奏的背景音乐。

步骤① 浏览"视频片段 C.mpg"视频素材，选出合适的镜头画面，按 <S> 键，剪切选定的视频片段。按下鼠标左键的同时移动鼠标，将这些视频片段组接到上一个步骤中剪辑好的视频片段后。

步骤② 浏览"视频片段 D.mpg"视频素材，通过预览发现在"1min 46s"开始画面节奏变快，这样可以直接利用"2min 07s16 帧"至"2min 24s23 帧"的镜头画面来配合第 2 部分的背景音乐。

步骤③ 按下鼠标左键的同时移动鼠标，将"时间指针"移到"视频片段 D.mpg"视频素材"2min 07s16 帧"的位置，按 <S> 键，剪切视频，用同样的方法将"时间指针"移到"视频片段 D.mpg"视频素材"2min 24s23 帧"的位置，按 <S> 键，剪切分割视频。

步骤④ 单击选择剪切出来的视频片段，按下鼠标左键的同时移动鼠标，将剪切出来的视频移到背景音乐上方，如图 4-130 所示。

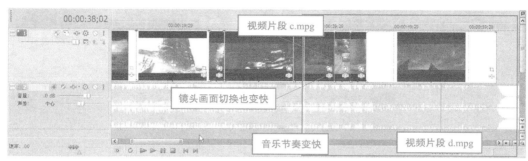

图 4-130　音乐 34s 后配上节奏更快的视频画面

步骤⑤ 适当调节"视频片段 C.mpg"视频素材节选的视频片段长度，使镜头画面的落幅与音频结束的位置对齐。

步骤⑥ 在"视频轨道"上的空白位置单击鼠标右键，在弹出的快捷菜单中选择"插入视频轨道"命令，添加一条新的"视频轨道"。

步骤⑦ 分别选取"视频片段 A.mpg、视频片段 B.mpg、视频片段 C.mpg、"视频素材中镜头画面比较紧凑的片段，并将它们剪切出来，放置在步骤③编辑好的"视频片段 D.mpg"视频片段的上方，如图 4-131 所示。

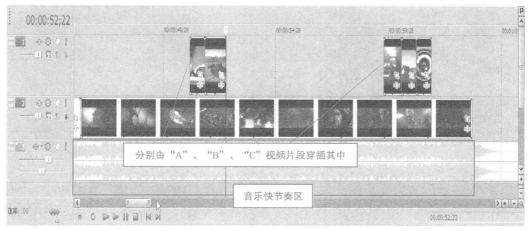

图 4-131　给快节奏的音乐配上更丰富的画面

步骤⑧ 按下鼠标左键的同时移动鼠标，将"时间指针"移到"时间线"的 34s 位置，按＜空格＞键，播放视频进行预览，观察剪辑的效果是否流畅。

步骤⑨ "背景音乐"在 55s 之后节奏越来越快，这时我们所叠加的镜头画面也应该随之变短。用鼠标指向被分割视频素材的首尾边缘，按下鼠标左键的同时移动鼠标，将视频素材的"首尾端"左右移动，改变视频素材的长度，使镜头间切换流畅，如图 4-132 所示。

图 4-132　仔细预览观察画面是否与音乐配合流畅

◁₎₎注意

　　剪辑镜头时，要保证每一个镜头的长度尽量一致。长短不一的镜头组接会给人一种突兀跳跃的感觉。视频画面的选择可以根据个人对音乐的理解来考虑画面的取舍。本练习可以发挥个人的想象力来创作。

（8）编辑第 3 部分视频素材

在"背景音乐"音频素材的结尾部分，还有一段快节奏音乐和一段舒缓节奏的音乐。根据音乐的节奏，我们利用每个视频素材的文字画面来体现这个结尾音乐，如图 4-133 所示。

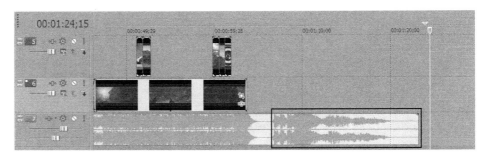

图 4-133　背景音乐后半段

步骤① 分别剪切出"视频片段 A.mpg、视频片段 B.mpg、视频片段 C.mpg、视频片段 D.mpg"视频素材中的"文字标题"镜头画面（通常该部分画面处于视频素材的开头或结尾处）。

步骤② 用鼠标适当调整每个视频素材的"文字标题"片段的长度，根据音乐的重音节拍放置这些视频片段，如图 4-134 所示。

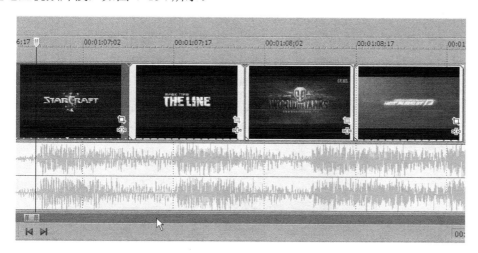

图 4-134　音乐后半段配上文字的画面

步骤③ 按下鼠标左键的同时移动鼠标，将"时间指针"移到"时间线"的"1min 06s"位置，按 < 空格 > 键，播放视频进行预览，观察剪辑的效果是否流畅。根据预览的效果，使用"视频片段 A.mpg"、"视频片段 B.mpg"、"视频片段 C.mpg"、"视频片段 D.mpg"的排列顺序来组接"文字标题"视频片段，并配合背景音乐的节奏。

（9）设置"文字标题"视频片段

通过预览发现，"视频片段 B.mpg"视频素材中"文字标题"画面是没有动态效果的，这与"视频片段 D.mpg"、"视频片段 A.mpg"视频素材中"文字标题"画面的动态效果有较大差别。这时候可以利用"素材平移 / 剪切"属性来调整每段"文字标题"视频片段的画面动态效果。

步骤① 单击"视频片段 B.mpg"上的"素材平移 / 剪切"按钮，弹出"素材平移 / 剪切"对话框，如图 4-135 所示。

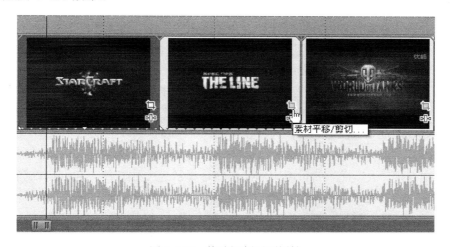

图 4-135　修改视频画面属性

步骤② 在弹出的"素材平移 / 剪切"对话框中，修改"第 1 个关键帧"的"位置"属性。设置"宽度"值为"183.2"，"高度"值为"146.6"。

步骤③ 在"素材平移 / 裁切"对话框下方的"关键帧时间线"区域，找到"第 4 帧"的位置，双击鼠标左键，添加第 2 个关键帧。在第 2 个关键帧位置，设置视频的"位置"属性中的"宽度"值为"720"，"高度"值为"576"，如图 4-136 所示。

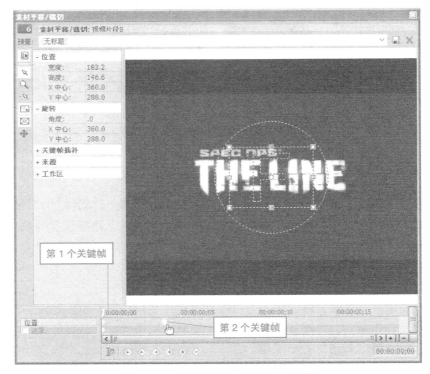

图 4-136 "素材平移 / 裁切"对话框

经过修改，"视频片段 B.mpg"与"视频片段 D.mpg"的"文字标题"画面动态效果基本相同。

步骤④ 单击"视频片段 A.mpg"视频"文字标题"片段中的"素材平移 / 裁切"按钮。

步骤⑤ 在弹出的"素材平移 / 剪切"对话框中修改"第 1 个关键帧"的"位置"属性。设置"宽度"值为"88.3"，"高度"值为"70.6"。

步骤⑥ 在"素材平移 / 剪切"对话框下方的"关键帧时间线"区域，找到"第 4 帧"的位置，双击鼠标左键，添加第 2 个关键帧。在第 2 个关键帧位置，设置视频的"位置"属性中的"宽度"值为"639.2"，"高度"值为"511.3"。

（10）设置"视频片段 A.mpg"的"文字标题"片段的播放时间

在预览中发现"A"视频的可用画面比较短，播放速度比较快。我们可以利用软件的减慢视频播放速度的功能来延长视频的播放时间。

步骤① 在编辑工具栏上选择"包络工具"按钮 ，然后在"视频片段 A.mpg"视频素材的"文字标题"片段上单击鼠标右键，在弹出的快捷菜单中选择"插入 / 移除包络"→"速度"命令，此时该视频片段上出现一条"速度"调节线，如图 4-137 所示。

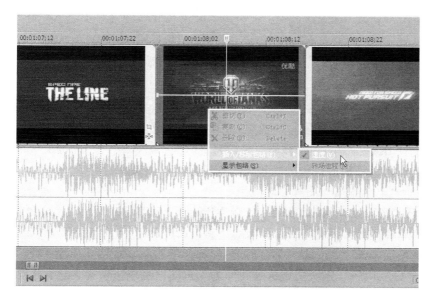

图 4-137　插入视频速度调节线

步骤② 按下鼠标左键的同时移动鼠标，将"速度线"向下移动，如图4-138所示。调节"速度线"值为"15%"，使之与其他的镜头画面播放速度一致。

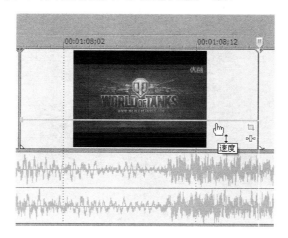

图 4-138　调整视频播放速度

◁测注意

当速度调节线移到视频顶端时是以两倍的速度播放视频，速度调节线移到顶端时是倒放视频，只有数值在 100% ～ 1% 的区间视频是慢速播放。当按住 <Ctrl> 键时速度调节线以 1% 的数值来变化。

（11）设置"视频片段 C.mpg"的"文字标题"

音频素材从"1min 08s16 帧"开始，音乐节奏有新的变化。但是"视频片段 C.mpg"视频素材的"文字标题"视频片段不能像其他的"文字标题"视频片段那样做动态处理，因此我们利用"视频片段 C.mpg"视频的一个"白闪"镜头来做切换点，也能很好地配合音乐节奏的变化。

步骤① 按下鼠标左键的同时移动鼠标，将"时间指针"移到"视频片段 C.mpg"视频"文字标题"片段的"白闪"画面位置，按 <S> 键，剪切"视频片段 C.mpg"视频"文字标题"片段。

步骤② 单击选择剪切好的"视频片段 C.mpg"视频"文字标题"片段，按下鼠标左键的同时移动鼠标，将该视频片段与"视频片段 A.mpg"视频"文字标题"片段组接。

步骤③ 按下鼠标左键的同时移动鼠标，将"时间指针"移到"时间线"的"1min 06s"位置，按 < 空格 > 键，播放视频进行预览，观察剪辑的效果是否流畅。

（12）添加"电子竞技"图片标志效果

"背景音乐"音频素材从"1min 09s11 帧"开始，音乐节奏非常快，此时加入"电子竞技"的标志和文字配合音乐的节奏。根据音乐的节奏，我们设定"电子竞技"标志分成 5 个部分，随着音乐的节拍点依次出现的是"WGT"抽象标志的"W"，接着出现"GT"，然后英文字母"W"、"G"、"T"依次快速从画面外进入画面内组成完整的"电子竞技"标志。"电子竞技"的英文全称是"WORLD GAMEMASTER TOURNAMENT"，同时英文全称加入"扫光"特效。整个"电子竞技"字幕效果在时间"00:01:12;17"结束，如图 4-139 所示。

图 4-139　片尾文字效果

步骤① 根据画面需要，利用 Photoshop 软件把"WGT"图片素材的抽象标志拆分为"W"和"GT"两个图片层。将"电子竞技"的英文简写"WGT"分别拆分为"W"、"G"、"T"3 个文字图片层。

步骤② 在"视频轨道"空白处单击鼠标右键，在弹出的快捷菜单中选择"插入视频轨道"命令。为方便操作我们将插入 4 条视频轨道。

步骤③ 在"视频轨道 6"上，按下鼠标左键的同时移动鼠标，将"时间指针"移到"时间线"的"1min 09s11 帧"位置。单击"工具栏"上的"打开"按钮，在弹出的"打开"对话框中，执行教学光盘 \ 第 4 章 \ 素材库 \4.1.3\ 任务 4，导入"WGT"抽象标志的"W 标志 .PSD"图片素材。

步骤④ 使用步骤③的方法，在"视频轨道 5"上导入"WGT"抽象标志的"GT 标志 . PSD"

图片素材。鼠标指向该素材的左端边缘，按下鼠标左键的同时移动鼠标，将该素材边缘向右移动"7"帧的距离，使其画面效果为：首先出现"W"标志，接着出现"GT"标志，这两个标志出现的时间要配合背景音乐的重音节拍，以诠释音乐的节奏感，如图 4-140 所示。

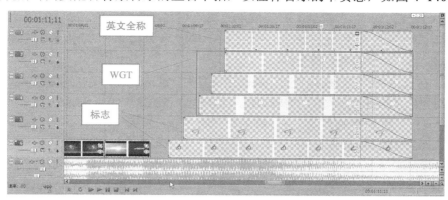

图 4-140　视频轨道上导入标志图片素材

步骤⑤ 使用相同的方法，分别在"视频轨道 4、3、2"导入"电子竞技"的英文简写"W字母 .PSD"、"G 字母 .PSD"、"T 字母 .PSD"3 个文字图片素材。并调整这些图片素材的时间长度，使其画面依次出现"W""G""T"文字效果，如图 4-140 所示。

步骤⑥ 分别单击"W 标志 .PSD"，"GT 标志 .PSD"标志图片素材和"W 字母 .PSD"、"G字母 .PSD"、"T 字母 .PSD"文字图片素材的"素材平移 / 裁切"按钮，在弹出的"素材平移 / 裁切"对话框中，找到"定位属性"虚线框，按下鼠标左键的同时移动鼠标，改变"定位属性"虚线框位置，使其图片素材位置如图 4-139 所示。

步骤⑦ 关闭"素材平移 / 裁切"属性对话框，按下鼠标左键的同时移动鼠标，将"时间指针"移动到"时间线"的"1min 09s"位置，按 < 空格 > 键，播放视频进行预览，观察剪辑的效果是否流畅。

（13）添加"WORLD GAMEMASTER TOURNAMENT"文字特效

步骤① 在"媒体发生器"面板中选择"文字"选项，按下鼠标左键的同时移动鼠标，将"默认文字"效果拖动到新增加的视频轨道上，并把"文字"效果片段放置于"视频轨道 1"上，与"视频轨道 2"上的"T字母 .PSD"图片素材长度相等，并且同时进入画面，如图 4-140 所示。

步骤② 在弹出的"视频媒体发生器—文字属性设置"对话框中，单击选择"编辑"选项卡，输入字幕 文 字"WORLD GAMEMASTER TOURNAMENT"，设置"文字字体"为"Arial"，设置"字体大小"值为"18"，参数如图 4-141 所示。

步骤③ 单击"电子竞技"文字效果的"素材平移 / 裁切"按钮，在弹出

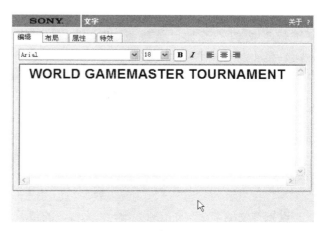

图 4-141　输入英文全称

135

的"素材平移／裁切"对话框中，找到"定位属性"虚线框，按下鼠标左键的同时移动鼠标，改变"定位属性"虚线框位置，使其画面效果如图4-140所示。

（14）文字素材加入扫光特效

步骤① 在"视频FX（特效）"面板中选择"光线"选项，在预置窗口中找到"中等光线"特效，按下鼠标左键的同时移动鼠标，将该特效移到"WORLD GAMEMASTER TOURNAMENT"文字特效片段上。

步骤② 在弹出的"光线视频特效"属性对话框中，设置3个关键帧属性，以实现"扫光"特效。"扫光"的效果是由文字"WORLD GAMEMASTER TOURNAMENT"的左侧向右侧扫过，"光线"由开始的"强"→"渐弱"到结尾的一次闪烁。

步骤③ "关键帧1"的设置

在"光线视频特效"属性对话框中，单击选择第1个关键帧，如图4-142所示。

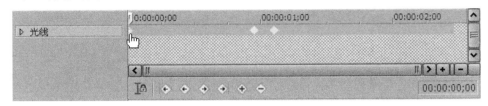

图4-142 第1个关键帧位置

设置"光源"的位置"X"值为"0.224"，"Y"值为"0.577"。设置"感光度"值为"0.425"，"强度"值为"0.455"

勾选"限制半径"复选框，设置"半径宽度"值为"0.128"，参数如图4-143所示。

步骤④ "关键帧2"的设置。

在"光线视频特效"属性对话框中，找到"特效时间线"，在第28帧位置处双击鼠标左键，添加"关键帧2"或者在按下鼠标左键的同时移动鼠标，将"特效时间线指针"移到第28帧位置，单击"创建关键帧"按钮，添加"关键帧2"，如图4-144所示。

图4-143 第1个关键帧参数

图4-144 第2个关键帧

设置"关键帧2"的光源参数，"光源"的位置"X"值为"0.805"，"Y"值为"0.586"，"感光度"值为"0.405"，"强度"值为"0"，其他参数值保持默认状态，如图4-145所示。

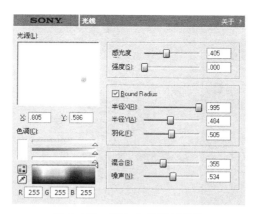

图 4-145　第 2 个关键帧参数

步骤⑤ "关键帧 3"的设置。

在 "光线视频特效"属性对话框中的 "特效时间线"上的第 "1s 03 帧"位置双击鼠标左键增加 "关键帧 3"或者用鼠标单击 "创建关键帧"按钮，添加 "关键帧 3"，如图 4-146 所示。

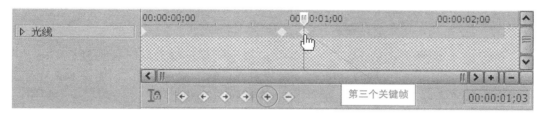

图 4-146　第 3 个关键帧

设置 "关键帧 3"的 "光源"参数。"光源"的位置 "X"值为 "0.809"，"Y"值为 "0.586"，"感光度"值为 "0.425"，"强度"值为 "0"，"半径宽度"值为 "1"，其他参数值保持默认状态，如图 4-147 所示。

步骤⑥ 关闭 "光线视频特效"属性对话框，按下鼠标左键的同时移动鼠标，将 "时间指针"移动到 "时间线"的 "1min 09s"位置，按＜空格＞键，播放视频进行预览，观察剪辑的效果是否流畅。

图 4-147　第 3 个关键帧参数

步骤⑦ 通过鼠标操作分别给 6 个图片素材和文字特效素材制作 "淡出"效果。

（15）制作结尾效果

背景音乐在 "1min12s17 帧"开始，音乐节奏开始变得比较舒缓，属于一种收尾的阶段。这时我们利用各大游戏网站图标做一个滚动画面来配合背景音乐的节奏。

步骤① 在 "视频轨道 6"上，按下鼠标左键的同时移动鼠标，将 "时间指针"移到 "时间线"的 "1min12s17 帧"位置，单击 "工具栏"上的 "打开"按钮，在弹出的 "打开"

对话框中，导入"片尾 .psd"图片素材，如图 4-148 所示。

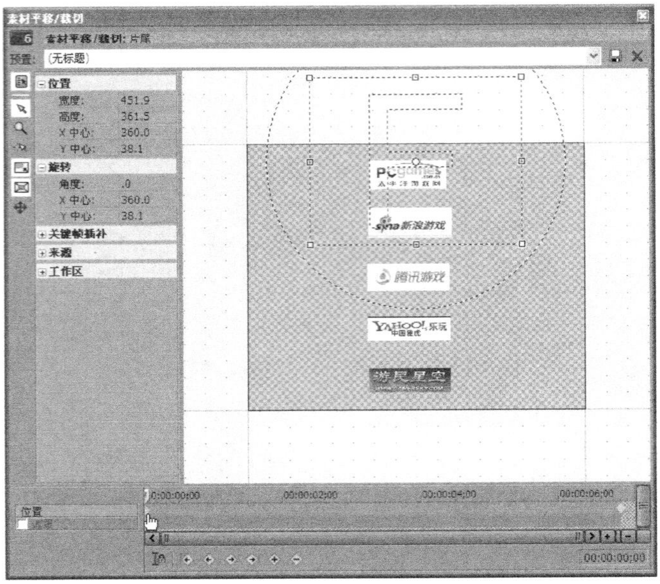

图 4-148 "片尾"素材关键帧 1

步骤② 单击选择"片尾 .psd"图片素材，按下鼠标左键的同时移动鼠标，将"片尾 .psd"图片素材右边缘向右拉伸，使其时间长度与音乐结尾长度相同。如图 4-149 所示。

步骤③ 为"片尾 .psd"图片素材制作"淡入淡出"效果。

步骤④ 单击"片尾 .psd"图片素材的"素材平移 / 裁切"按钮，在弹出的"素材平移 / 裁切"对话框中，设置两个关键帧的参数。

步骤⑤ 在"素材平移 / 裁切"对话框中，找到"定位时间线"，在 0s 位置，单击鼠标左键选择"关键帧 1"，参数设置如图 4-148 所示。

步骤⑥ 在"素材平移 / 裁切"对话框中，设置"位置"属性的"宽度"值为"451.9"，"高度"值为"361.5"，"Y 中心"值为"38.1"，其他参数值保持默认状态。

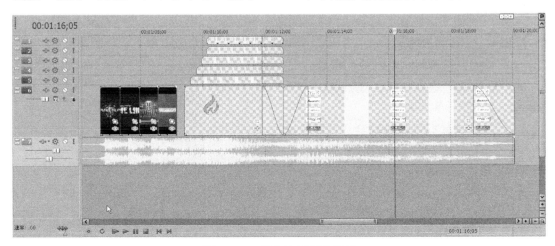

图 4-149 导入片尾图片素材

步骤⑦　在"素材平移 / 裁切"对话框中，找到"定位时间线"，在"6s 27 帧"位置，双击鼠标左键添加"关键帧 2"或者用鼠标单击"创建关键帧"按钮，添加"关键帧 2"，如图 4-150 所示。

步骤⑧　在"素材平移 / 裁切"对话框中，设置"位置"属性的"宽度"值为"451.9"，"高度"值为"361.5"，"Y 中心"值为"529.7"，其他参数值保持默认状态。

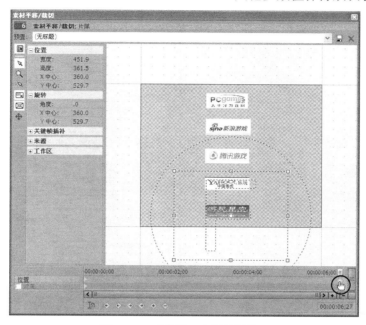

图 4-150　"片尾"素材关键帧 2

（16）编辑工作完成

关闭"素材平移 / 裁切"属性对话框，按下鼠标左键的同时移动鼠标，将"时间指针"移到"时间线"的 0s 位置，按 < 空格 > 键，播放视频进行预览，观察剪辑的效果是否流畅。

（17）渲染输出

步骤①　鼠标双击"音频轨道"，让"循环工作区"的黄色三角全部涵盖编辑好的视频片段。

步骤②　单击菜单栏中的"文件"按钮，在其下拉文件菜单中选择"渲染为"命令，如图 4-151 所示。

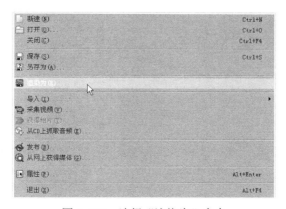

图 4-151　选择"渲染为"命令

步骤③ 弹出"渲染为"对话框，如图 4-152 所示。

步骤④ 在"保存类型"下拉列表框中选择保存视频的格式，在"文件名"选项输入文件名称，如图 4-153 所示。

图 4-152 "渲染为"对话框　　　　　图 4-153 设置保存文件类型

步骤⑤ 单击"保存"按钮，开始渲染，如图 4-154 所示。

（18）结束编辑

步骤① 编辑任务完成后，及时与组员沟通，做好修改完善工作。

步骤② 妥善保存工程文件以及素材文件等，以备日后调整时使用。

图 4-154 开始渲染

📢注意

> 由于影片节奏是逐渐加快，所以要避免使用长镜头和大全景的镜头，否则不能给观众视觉上和心理上的强烈刺激。
>
> 短镜头组合可以加快节奏，另外一些特殊的视角也可以增加紧张感，快节奏的配乐也可以加强节奏。

🔖 任务评价表

首先，请同学们 4 人为一组，选出 1 人作为组长，负责统筹编辑事务，制定编辑纲要，与客户沟通协调，进行最终视频剪辑合成工作。1 人进行文字特效，图片素材剪辑工作。2 人进行视频剪辑工作，并分工合作，相互配合轮流进行训练。最后，小组之间进行技术评比。

评委组由其他小组代表组成。各小组的最终得分，应由该小组的自评以及评委组给出的分值总和统计得出，见表 4-9。

表 4-9　任务评价表

小组名称：_____　组员名单：_____　评委签名：_____

一 级 指 标	二 级 指 标		审 核 团			指 导 教 师		
			3	2	1	3	2	1
知识与技能目标	素材准备规范	熟悉素材并写出素材纲要 1 分 与组员积极沟通剪辑思路 1 分 素材分类标志 1 分						
	设备操作规范	设备保养完整，状态良好 0.5 分 开机顺序正确 0.5 分 连接外部设备方法正确 0.5 分 建立项目文件夹 0.5 分 检查硬盘空间 0.5 分 完成后检查清理垃圾文件 0.5 分						
	剪辑操作规范	音乐节奏的把握 0.5 分 字幕文字的处理 0.5 分 镜头画面组接 0.5 分 特效的设置 1 分 多轨道素材的调整 0.5 分						
	其他操作规范	内容完整 0.5 分 PAL 制式 0.5 分 无夹帧或跳帧 0.5 分 音量大小合适 0.5 分 镜头间过渡得当 0.5 过程文字记录完整 0.5 分						
过程与方法目标	交流合作	是否能举一反三 1.5 分 合作意识强烈 1.5 分						
	创新修正	作品具备创新意识 1 分 是否能总结出操作要领 1 分 敢于反思修正 1 分						
情感态度与价值观目标	正确人生观	同学相互尊重 1.5 分 良好学习习惯 1.5 分						
	正确价值观	建立良好职业道德 1.5 分 能坚持不懈，不断探索 1.5 分						
统计分值			分			分		
请登记该小组实际完成任务总时长								

4.2　实战引导手册

4.2.1　经典案例

经典刑事电视剧——《CSI 犯罪现场》

第 55 届艾美奖：影集类最佳音效剪辑：《CSI 犯罪现场》

单机作业影集最佳摄影：《CSI 犯罪现场》

出品：亚特兰提斯同盟（Alliance Atlantis）与哥伦比亚广播公司（CBS）

上映日期：2000 年

经典影片——《谍影重重 3》

导演：保罗·格林格拉斯

该片荣获第 80 届奥斯卡最佳剪辑奖、最佳音效剪辑奖、最佳录音奖

出品：环球

上映日期：2007 年

4.2.2　实训项目　专题片宣传

项目情境

学校宣传部门希望通过校园电视台进行宣传，鼓励学生们对自己所学的"烹饪"、"旅游"、"电子电器"等专业的各项技能有更好的认识，从而对各项专业产生较高的兴趣，同时选拔较为出色的专业人才，为学校今后开展宣传活动打下基础。周明所在的编辑制作部门得到任务通知，要求针对三个不同专业编辑制作出相应的新闻片段，用于下周的《新闻播报》栏目中进行一个专题片宣传。

刘主任：小周，这个视频本周五前必须制作完成，并且交由学校宣传科审批，为下周的顺利播出工作做好准备。

周明：主任，这次我将会与我们部门的同事一起来完成这个任务，您放心吧。

刘主任：这就对了，这次任务需要大家齐心协力才能完成。我也相信你们一定能完成好，那就等着看你们的杰作了。

项目分析

1）需要选择其中一个专业方向，并完成其专题宣传片。

2）综合运用学习到的音视频剪辑知识，对项目中的要求进行音视频剪辑。

3）注重规范的流程操作，团队的协助合作，以及职业道德培养。

项目实施

工作小组按照以下实施步骤正式开展工作。

（1）组员确定

建议小组成员不能超过 4 人，选定一名组长。

（2）项目单

根据你们小组对学校各专业部门了解的情况，从学校专业类型中挑选其一，然后按照项目单的要求完成具体工作，见表 4-10。

表 4-10　项目单

项目单 A——《新闻播报》（烹饪类）	
客　　户	某市高等职业技术学校烹饪部
制作要求	①要求突出本校烹饪部技能特点，布光要求突出工业产品本身的质感表现 ②从烹饪作品细节及创意方面突出烹饪部学生技能特色 ③学生制作产品的整体效果和局部效果 ④为了保证栏目整体效果，建议影片应与其他部门的短片保持一致 ⑤利用高清电视预览效果
主要工具	非编工作站、高清电视、摄录一体机等
项目周期	48 小时

项目单 B——《新闻播报》（旅游类）	
客　　户	某市高等职业技术学校旅游部
制作要求	①计划以导游讲解的方式来进行宣传，选拔出一名形象气质健康向上，符合学校宣传形象的广告模特 ②选拔出一名形象气质健康向上的模特，作为导游介绍学校旅游部 ③影片要求突出本校旅游部技能特点 ④为了保证栏目整体效果，建议影片应与其他部门的短片保持一致 ⑤利用高清电视预览效果
主要工具	非编工作站、高清电视、摄录一体机等
项目周期	48 小时

项目单 C——《新闻播报》（城建类）	
客　　户	某市高等职业技术学校建设部
制作要求	①影片要求突出本校城建部技能特点 ②要求强调城市建设专业的关键细节 ③展示城市建设专业整体效果和局部效果 ④为了保证栏目整体效果，建议影片应与其他部门的短片保持一致 ⑤利用高清电视预览效果
主要工具	非编工作站、高清电视、摄录一体机等
项目周期	48 小时

（3）项目布置

在这 3 个项目中，将由校园电视台给你们小组挑选一个进行完成。由于 3 个项目最终需要合成到校园电视台栏目《新闻播报》中，所以每个项目的整体效果风格要求一致，所以我们需要在制作之前多思考，在草稿纸上写出流程，制定出多套方案并由全体小组长与学校宣传科进行沟通，最终确定统一而较为理想的效果，以方便各个小组的联合制作，提高效率，保证高质高效地完成任务。

（4）前期准备工作

在团队领到任务的第一时间，组长召集所有成员对项目基本情况进行沟通，并且就接下来的工作如何开展进行商榷和分工。制定出一个执行计划从而指导后面工作的开展，最后写出影片的简单分镜头脚本。

（5）素材准备工作

根据小组讨论制定出来的制作脚本，看样片，编排素材录像带。通常样片要看过两遍，应仔细检查所拍的镜头。如有必要，抓紧补拍或重拍某些镜头。接下来收集一些必要的图片素材，音频素材，并把主要的视频素材分类标签。如果需要后期配音的稿件，需事前准备好音频文件。注重各专业宣传的基本要求。

（6）非编工作站准备工作

非编工作站在使用前要确保非编机房供电稳定，最好配置不间断电源（UPS）。非编工作站使用要按照标准程序关闭系统，不能按"复位键"或直接按电源开关关闭系统。准备好素材播放设备，如摄录一体机，录放机，读卡器等设备，与非编工作站连接好，做好素材采集前的准备工作。

（7）编辑处理

在素材采集之前，应该在非编工作站中建立好素材文件夹、工程文件夹、成品文件夹。养成良好的分类文件夹习惯对今后提高编辑工作的效率有很大的帮助。影片的编辑要根据小组写出的分镜头脚本作为指引，进行视频素材的粗编，编辑过程注重影片的统一风格与艺术性，同时要突出自己项目的特点。根据项目特点，在剪辑工作中还要讲究技巧性、创造性。场面的位置和长度都必须十分精确，音响——无论对白、效果音、音乐都必须仔细选择，要充分利用图像和音响的流动把影片推向预期的目的，详细说明可以参考"4.2.3 知识拓展"里的相关信息。

（8）项目汇报与反馈

团队中挑选出代表，在制作交流会上，展示和解说你们团队的制作效果。并且听取评审领导的反馈意见。

（9）项目效果调整

项目得到反馈后，团队需要马上根据评审领导的修改意见进行修改。制作的作品甚至可能会全部被推翻，要求重新制作，不要认为在学校电视台就可以马虎行事，在社会项目中也是经常会遇到这种情况。所以如果你们的得意之作被否决，大家千万不要气馁，要勇敢地对自己说："我们终于可以重新开始了"！相信你们能突破自己，并做得更加出色。

（10）再次汇报与反馈

与前次汇报交流一样，认真听取评审领导的意见。与此不同的是，在已经满足上次评审领导要求前，如果你觉得方案效果还不够理想，要尽量提出自己对方案的想法和建议。努力引导学校从专业的角度来考虑最终方案效果。

（11）完成项目

经过多次反复修改和反馈的过程，如果你能通过评审领导标准，并且正式在校园电视台《新闻播报》栏目中播出，你们团队就成功了！

项目绩效考评

各个小组的项目完成得怎么样了？现在让我们利用手中的考评表格来给其他小组进行一次绩效考评吧，见表4-11。

各位负责考评的同学请注意，该表格中A指标交由客户方进行填写，B指标交由学生进行填写，绩效总分交由指导教师填写。填写完毕后要求签字确认分值的真实性和有效性。

144

表 4-11　项目绩效考评表

小组名称：＿＿＿＿＿＿＿＿　　组员名单：＿＿＿＿＿＿＿＿

汇 报 时 间	客户反馈评价内容	自 评 标 准	
第一次汇报 （　年　月　日）		组长能认真负责	5
		组员分工平均合理	10
		团队讨论学习充分	5
第二次汇报 （　年　月　日）		操作规范，没有常识性错误	10
		满足项目单的制作要求	15
		作品有自己的设计想法	5
第三次汇报 （　年　月　日）		能同时提交两套以上方案	10
		能尊重客户意见及时修改	10
		能准时完成验收项目	10
完成总费时： （　　天）	A 指标：尊敬的客人，本公司这次为您提供的服务是否满意？请在相关选项上进行勾选： 不满意　□ 满意　□ 很满意　□ ▲ 不满意 0 分 ▲ 满意为 5 分 ▲ 很满意为 15 分 客户签名：	B 指标：小组根据自己的表现进行评分 　　　　　　　自评得分	

绩效总分：（A 指标 +B 指标）

4.2.3　知识拓展

1. 镜头的组接规律

我们都知道，无论何种影视节目，都是由一系列的镜头按照一定的排列次序组接起来的。这些镜头之所以能够延续下来，使观众能够从影片中看出它们融合为一个完整的统一体，是因为镜头的发展和变化要服从一定的规律。下面就这些规律进行详细介绍。

（1）镜头的组接必须符合观众的思维方式和影视表现规律

镜头的组接要符合生活的逻辑、思维的逻辑。不符合逻辑观众就看不懂。做影视节目要表达的主题与中心思想一定要明确，在这个基础上才能确定根据观众的心理要求，即思维逻辑选用哪些镜头，怎么样将它们组合在一起。

（2）镜头组接中的拍摄方向，轴线规律

主体物在进出画面时，在进行拍摄时需要注意拍摄的总方向。应从轴线一侧拍，否则两个画面接在一起主体物就要"撞车"。所谓的"轴线规律"是指拍摄的画面是否有"跳轴"现象。在拍摄的时候，如果拍摄机的位置始终在主体运动轴线的同一侧，那么构成画面的运动方向、放置方向都是一致的，否则就是"跳轴"了，跳轴的画面除了特殊的需要以外是无法组接的。

（3）镜头组接要遵循"动从动"、"静接静"的规律

如果画面中同一主体或不同主体的动作是连贯的，可以动作接动作，达到顺畅、简洁过渡的目的，我们简称为"动接动"。如果两个画面中的主体运动是不连贯的，或者它们中间有

停顿时，那么这两个镜头的组接，必须在前一个画面主体做完一个完整动作停下来后，接上一个从静止到开始的运动镜头，这就是"静接静"。"静接静"组接时，前一个镜头结尾停止的片刻叫"落幅"，后一镜头运动前静止的片刻叫"起幅"，起幅与落幅时间间隔大约为1～2s。运动镜头和固定镜头组接，同样需要遵循这个规律。如果一个固定镜头要接一个摇镜头，则摇镜头开始要有起幅；相反一个摇镜头接一个固定镜头，那么摇镜头要有"落幅"，否则画面就会给人一种跳动的视觉感。为了特殊效果，也有静接动或动接静的镜头。

（4）镜头组接的时间长度

我们在拍摄影视节目的时候，每个镜头的停滞时间长短，首先是根据要表达的内容难易程度，以及观众的接受能力来决定的，其次还要考虑到画面构图等因素。如由于画面选择景物不同，包含在画面的内容也不同。远景中景等镜头大的画面包含的内容较多，观众需要看清楚这些画面上的内容，所需要的时间就相对长些，而对于近景，特写等镜头小的画面，所包含的内容较少，观众只需要短时间即可看清楚，所以画面停留时间可短些。另外，一幅或者一组画面中的其他因素，也对画面长短起到制约作用。如同一个画面亮度大的部分比亮度暗的部分能引起人们的注意。因此如果该幅画面要表现亮的部分，长度应该短些，如果要表现暗的部分，则长度应该长一些。在同一幅画面中，动的部分比静的部分先引起人们的视觉注意。因此如果重点要表现动的部分时，画面要短些；表现静的部分时，则画面持续长度应该稍微长一些。

（5）镜头组接的影调色彩的统一

影调是指以黑的画面而言。黑的画面上的景物，不论原来是什么颜色，都是由许多深浅不同的黑白层次组成软硬不同的影调来表现的。对于彩色画面来说，除了一个影调问题还有一个色彩问题。无论是黑白还是彩色画面组接都应该保持影调色彩的一致性。如果把明暗或者色彩对比强烈的两个镜头组接在一起（除了特殊的需要外），就会使人感到生硬和不连贯，影响内容通畅表达。

（6）镜头组接节奏

影视节目的题材、样式、风格以及情节的环境气氛、人物的情绪、情节的起伏跌宕等是影视节目节奏的总依据。影片节奏除了通过演员的表演、镜头的转换和运动、音乐的配合、场景的时间空间变化等因素体现以外，还需要运用组接手段，严格掌握镜头的尺寸和数量。整理调整镜头顺序，删除多余的枝节才能完成。也可以说，组接节奏是教学片总节奏的最后一个组成部分。处理影片节目的任何一个情节或一组画面，都要从影片表达的内容出发来处理节奏问题。如果在一个宁静祥和的环境里用了快节奏的镜头转换，就会使观众觉得突兀跳跃，心理难以接受。然而在一些节奏强烈，激荡人心的场面中，就应该考虑到种种冲击因素，使镜头的变化速率与观众的心理要求一致，以增强观众的激动情绪达到吸引和模仿的目的。

（7）镜头的组接方法

镜头画面的组接除了采用光学原理的手段以外，还可以通过衔接规律，使镜头之间直接切换，使情节更加自然顺畅。下面介绍几种有效的组接方法。

1）连接组接：相连的两个或者两个以上的一系列镜头表现同一主体的动作。

2）队列组接：相连镜头但不是同一主体的组接，由于主体的变化，下一个镜头主体的出现，观众会联想到上下画面的关系，起到呼应、对比、隐喻烘托的作用。往往能够创造性地揭示出一种新的含义。

3）黑白格的组接：为造成一种特殊的视觉效果，如闪电、爆炸、照相馆中的闪光灯等效果。组接的时候，我们可以将所需要的闪亮部分用白色画格代替，在表现各种车辆相接的瞬间组接若干黑色画格，或者在合适的时候采用黑白相间画格交叉，有助于加强影片的节奏、渲染气氛、增强悬念。

4）两级镜头组接：是由特写镜头直接跳切到全景镜头或者从全景镜头直接切换到特写镜头的组接方式。这种方法能使情节的发展在动中转静或者在静中变动，给观众的直接感受极强，节奏上形成突如其来的变化，产生特殊的视觉和心理效果。

5）闪回镜头组接：用闪回镜头，如插入人物回想往事的镜头，这种组接技巧可以用来揭示人物的内心变化。

6）同镜头分析：将同一个镜头分别在几个地方使用。运用该种组接技巧的时候，往往是出于以下考虑，即所需要的画面素材不够；或者是为了强调某一画面所特有的象征性的含义以引发观众的思考；或者是为了造成首尾相互接应，从而达到艺术结构上给人完整而严谨的感觉。

7）拼接：有时候，虽然我们在户外拍摄多次，拍摄的时间也相当长，但可以用的镜头却是很短，达不到我们所需要的长度和节奏。在这种情况下，如果有同样或相似内容的镜头的话，就可以把它们当中可用的部分组接，以达到节目画面必需的长度。

8）插入镜头组接：在一个镜头中间切换，插入另一个表现不同主体的镜头。如一个人正在马路上走着或者坐在汽车里向外看，突然插入一个代表人物主观视线的镜头（主观镜头），以表现该人物意外看到了什么、直观感想和引起联想的镜头。

9）动作组接：借助人物、动物、交通工具等动作和动势的可衔接性以及动作的连贯性、相似性，作为镜头的转换手段。

10）特写镜头组接：上个镜头以某一人物的某一局部（头或眼睛）或某个物件的特写画面结束，然后从这一特写画面开始，逐渐扩大视野，以展示另一情节的环境。目的是为了在观众注意力集中在某一个人的表情或者某一事物的时候，在不知不觉中就转换了场景和叙述内容，而不会让人产生陡然跳动的不适合的感觉。

11）景物镜头的组接：在两个镜头之间借助景物镜头过渡，其中有以景为主，物为陪衬的镜头，可以展示不同的地理环境和景物风貌，也表示时间和季节的变换，又是以景抒情的表现手法。在另一方面，是以物为主，景为陪衬的镜头，这种镜头往往作为镜头转换的手段。

12）声音转场：用解说词转场，这个技巧一般在科教片中比较常见。用画外音和画内音互相交替转场，像一些电话场景的表现。此外，还有利用歌唱来实现转场的效果，并且利用各种内容换景。

13）多屏画面转场：这种技巧有多画屏、多画面、多画格和多银幕等多种叫法，是近代影片影视艺术的新手法。将银幕或者屏幕一分为多个，可以使双重或多重的情节齐头并进，大大地压缩了时间。例如在电话场景中，可以将一个荧屏分割成 2 个画面空间，表现两个人在同一时间通话时的不同状态。

镜头的组接技法是多种多样的，按照创作者的意图，根据情节的内容和需要而创造，也没有具体的规定和限制。我们后期制作中，可以根据情况尽量发挥，但不要脱离实际的情况和需要。

2. 声音的组合形式及其作用

在影视教学片中，声音除了与画面教学内容紧密配合以外，声音本身的编排组合，也可以起到衬托主题的重要作用。

（1）声音的并列

这种声音组合即是几种声音同时出现，产生一种混合效果，用来表现某个场景。如表现大街繁华时的车声以及人声等。但并列的声音应该有主次之分的，要根据画面适度调节，把最有表现力的声音作为主旋律。

（2）声音的并列将含义不同的声音按照需要同时安排出现，使它们在鲜明的对比中产生反衬效应。

（3）声音的遮罩

在同一场面中，并列出现多种同类的声音，有一种声音突出于其他声音之上，引起人们对某种发声体的注意。

（4）接应式声音交替

即同一声音此起彼伏、前后相继，为同一动作或事物进行渲染。这种有规律节奏的接应式声音交替，经常用来渲染某一场景的气氛。

（5）转换式声音交替

即采用两个声音在音调或节奏上的近似，从一种声音转化为两种声音。如果转化为节奏上近似的音乐，则既能在观众的印象中保持音响效果所造成的环境真实性，又能发挥音乐的感染作用，充分表达一定的内在情绪。同时由于节奏上的近似，在转换过程中给人以一气呵成的感觉，这种转化效果有一种韵律感，容易记忆。

（6）声音与"静默"交替

"无声"是一种具有积极意义的表现手法，在影视片中通常作为恐惧、不安、孤独、寂静以及人物内心独白等气氛和心情的烘托。"无声"可以与有声在情绪上和节奏上形成明显的对比，具有强烈的艺术感染力。如在暴风雨后的寂静无声，会使人感到时间的停顿，生命的静止给人以强烈的感情冲击。但这种无声的场景在影片中不能太多，否则会降低节奏，失去感染力，产生烦躁的主观情绪。

总而言之，在影片中各种声音，要有目标有变化有重点地来运用，应当避免盲目、单调和重复地运用声音。当我们运用一种声音时，必须首先肯定用这种声音来表现什么，必须了解这种声音表现力的范围，必须考虑声音的背景，必须消除声音的苍白无力、堆砌和不自然的转换，让声音和画面密切结合，发挥声画结合的表现力。

4.3　本章小结

本章主要是面向个人音视频剪辑爱好者，各种婚庆公司、影楼以及中小型工作室等影视制作机构。其中岗前培训手册的内容主要介绍了有关非线性编辑工作站的配置以及剪辑的入门技巧。音视频后期制作兼顾技术性和艺术性，编辑制作人员不仅要求掌握技术设备的专业知识，还应具备创造能力。后期制作是一个互相协作的过程，要求所有相关人员，包括创意总监、制片人、导演、摄影师，当然还有编辑操作人员齐心协力共同完成。实战引导手册是借鉴商业实战项目内容，引导同学们学习掌握音视频编辑岗位的职业意识、道德与方法。

第5章　公司业务综合实训项目

在第1～4章中，我们分别对摄像助理、摄像师、视音频剪辑员3个技术岗位先后作了介绍。你发现有适合自己的岗位了吗？如果有，就毫不犹豫坚持学习下去吧。现在，同学们可以相互招募共同成立一个工作室团队。让我们各自发挥技术特长，一起来合作完成几个真实的公司业务。

职业能力目标

- ⊙ 了解《音乐MV》制作的工作流程
- ⊙ 了解《商业广告片》制作的工作流程
- ⊙ 按照技术流程标准实施项目制作

5.1　项目1　音乐MV

5.1.1　项目情境

刘总（公司营销总监）：国内某音乐网站将在不同时段为一些年轻歌手推出个人MV宣传业务，他们正在寻找一个可以长期合作的MV制作团队。我认为这对咱们阿凡达影视文化媒体有限公司是一个非常好的机会。公司非常希望能成为这次项目招标的胜利者，前提是咱们必须为这次招标会提前制作一段MV样片。赵总，拿出你们的实力一举拿下这个项目如何？

赵总（制作部总监）：对方要求是什么？

刘总：网站要求必须严格按照他们提供的文案内容和音乐片段进行MV样片制作，另外视频素材可以由参加投标的单位自行拍摄。

赵总：提交时间呢？

刘总：一周后可以提交吗？

赵总：时间非常紧张啊。我要马上着手安排。我们制作部大概一周后可以提交MV样片，到时还要邀请你来参加我们的反馈会，多提提意见。

刘总：老朋友，今年这个大项目就要靠你们啦！

5.1.2　项目分析

1）由于MV宣传只是对年轻歌手宣传策划的一个部分，所以客户方需要在节约资金投入的前提下，实现一个具有歌手个人强烈风格的 MV 宣传作品。制作方在追求作品完美效果的同时，也需要综合考虑客户的实际需求，这样才能有效率地达到客户的标准。

2）MV 的字幕文案是非常重要的，制作方不仅需要对歌曲情境了解到位，也要从技术角度考虑字幕如何在配合画面的同时保证其完整性与实效性。

3）MV 拍摄是一个艰辛的过程，制作团队的所有成员应该注重相互协作和沟通，这样才能事半功倍。

5.1.3 项目单

《转身之间》

作词：胤祥 等　作曲：徐鸣涧　演唱：孙欣　制作：水间音乐工坊

MV 字幕文案		订单编号：	
片头标题			
片头题字			
段落 1 题字		段落 3 题字	
段落 2 题字		段落 4 题字	
片尾题字			

	照片文案		
01	往昔时光已走远	31	难言相见
02	我才会学着想念	32	
03	平常的相见	33	我迷离的双眼
04	银杏树下的誓言	34	昏黄了容颜
05	刻骨铭心，可我们	35	却依稀留住了 时间
06	渐行又渐远	36	你沙哑的声线
07	一句你好和一句再见	37	在梦醒瞬间
08	中间是没有对白的画面	38	在我忘记之前
09	昨日依稀又重现	39	唤醒世界
10	你站在我面前	40	就这样不知不觉
11	记忆里的少年	41	就在那转身之间
12	从未改变	42	就是那过往的少年
13	我迷离的双眼	43	天空依旧湛蓝
14	昏黄了容颜	44	明朗如昨天
15	却依稀留住了时间	45	却早已错过了 遇见
16	你沙哑的声线	46	翩翩白衣少年
17	在梦醒瞬间	47	你在我身边
18	在我忘记之前	48	却在转身之间 消逝不见
19	唤醒世界	49	翩翩白衣少年
20	未来好像很遥远	50	你在我身边
21	你是否习惯忘却	51	却在转身之间 消逝不见
22	过往的片段	52	
23	熙熙攘攘的世界	53	
24	似水流年可我们	54	
25	只是平行线	55	
26	没有相聚也没有告别	56	
27	未来是似曾相识的情节	57	
28	故事已经到终点	58	
29	结局不再有悬念	59	
30	可是人海茫茫	60	

附注：每张照片的描述文字不要太长，以不超过两行（共 30 个字）为原则。

5.1.4 项目实施

活动 1：岗位分工

任何一个成功的项目背后必然有一支讲求质量，明确分工，相互配合的技术团队。为了保障这次业务能有步骤有效率的开展，阿凡达影视文化媒体有限公司决定临时招募一批技术骨干组建专项工作室。目前对外公示的职位有：分镜导演 1 人、执行导演 1 人、摄像师 1～2 人、摄像师助理 1～2 人、音视频制作员 1～2 人、剧务 1 人。看看哪个岗位最适合你呢？赶紧来应聘吧！

导演：导演是这支团队的灵魂人物，他（她）不仅是项目的组织者，更是项目的参与者。

薪酬：10 000 元 / 月 + 项目提成

岗位要求：

1）积极热心，有强烈服务团队成员开展项目的领导愿意。

2）组织创作人员研究剧本，参与绘制分镜头脚本。

3）熟悉技术制作流程，主动指导各岗位成员的具体工作。

4）按照文案与镜头脚本的设计思路，督导各岗位成员严格执行计划进度，以保证项目能顺利完成。

摄像师：

摄像师是这支团队中最善于用镜头捕捉美的人物，他（她）是一位有着独立思想的艺术家，同时也是一名"分镜头脚本"的优秀执行者。

薪酬：5 000 元 / 月 + 项目提成

岗位要求：

1）具备强烈的服务意识，具备团队合作与开拓创新精神，工作认真负责，能吃苦耐劳。

2）具备一定的视觉美学基础，喜欢摄影，能很好地运用镜头语言实现"分镜头脚本"的效果。

3）熟悉摄像技术流程，能主动参与脚本设计讨论，并且主持素材拍摄的具体工作。

摄像助理：

助理是一名聪明伶俐，思维活跃的人物。往往大家都认为他（她）是摄像师工作中不可缺少的得力帮手，没有他（她）的帮助摄像师可能会一事无成。

薪酬：2 500 元 / 月 + 项目提成

岗位要求：

1）工作热心负责，能吃苦耐劳，具备团队合作及服务意识。

2）具备一定的视觉美学基础，喜欢摄影。

3）熟悉摄像技术流程，主要负责拍摄灯光、布景、设备保养等一些辅助协调工作。

音视频制作员：

是一名"分镜头脚本"的优秀执行者，同时也是这支团队中综合能力最强的人物。因为他（她）不仅有着扎实的剪辑软件基础，而且对影视语言的艺术表现有着良好的理解力。应该说视音频制作员是整个项目后期工作的关键所在。

薪酬：5 000 元 / 月 + 项目提成

岗位要求：

1）具备强烈的服务意识，具备团队合作与开拓创新精神，工作认真负责，能吃苦耐劳。

2）喜欢影视剪辑工作，具备一定的视觉美学基础，具备扎实的剪辑软件基础。

3）熟悉视音频剪辑技术流程，主要负责音视频剪辑、后期视觉效果制作等工作。

剧务：

 剧务是导演的助手，是团队中最善于与人沟通的人物，没有他（她）团队一定会乱成一团糟。所以剧务必须要能与导演进行很好的合作，以保障所有人的工作能够顺利进行。

薪酬：2 500 元 / 月 + 项目提成

剧务职责：

1）工作热心负责，能吃苦耐劳，具备团队合作及服务意识。

2）具备良好的工作沟通协调能力。

3）掌握团队制作需要的周期和时间，在导演的指导下负责各方面的后勤工作。

◁》注意

> 每个工作室的员工总人数必须在 6 ~ 9 人之间，而且要确保每个岗位都有人应聘。
>
> 另外，请每个工作室用纸笔精心制作一张代表你们个性的工作室宣传海报，然后将海报张贴在"交流走廊"里，向客户与其他工作室的成员宣传你们的团队。每位同学手上都会有一颗红心，用以支持除自己工作室以外的任何一支团队。最后，以每个工作室实际获得的红心数，作为该工作室的服务等级，红心数量越多，等级越高。

活动 2：文案讨论

今天工作室终于组建起来了，确定是否所有的工作人员都到齐了？然后请队员们共同来执行下面 5 个环节。

1）看一看：请队员们围成一圈，坐下来用 5min 的时间认真看一看前面提供的《音乐MV》文案内容。

2）想一想：阅读文案后根据自己的理解，大家各自再用 10min 的时间想一想用怎样的镜头画面才能很好地描述文案中每一段的内容呢？或者重点构思最吸引你的文案片段也可以。（建议可以利用笔在纸张上绘图来进行构思）

3）议一议：说一说自己的想法吧，如果可以，大家一起再议一议。

4）记一记：当然别忘了要把每位成员的想法好好地记录在纸上，见表 5-1。

5）做一做：方案讨论结束后，一定要按照讨论的结果实施。大家要知道个人永远是微弱的，只有团结才有力量。大家一起出谋划策，相信很快就能知道这个项目该如何进行下去了。

◁》注意

> 建议这个活动安排在课余时间进行，各工作室团队做好会议相关图片和文字记录，这样便于指导老师们更清楚你们现在需要怎样的帮助。
>
> 在条件允许的情况下，强烈推荐在老师的指引下利用博客等网络实践社区工具，随时开展讨论活动。

表 5-1　会议记录表格

	＿＿＿＿＿＿＿＿＿会议记录
时间：　　　年　　　月　　　日	
主持人：	
参会人员：	
会议内容：	

活动 3：分镜头脚本绘制

分镜头脚本在第 1 章节中曾经给大家介绍过。它是影片创作必不可少的前期工作环节，是导演为影片设计的施工蓝图，是为摄像师、音视频制作人员统一创作思想的工具，还是影片摄制组及各部门理解导演具体要求，制定拍摄日程计划和计算摄制成本的依据。

接下来，导演在活动（2）中聆听了大家的建议之后，就可以组织自己的分镜头主创团队正式开始商榷如何采纳大家的思路进行脚本制作了，其规范格式见表 5-2。

表 5-2　分镜头脚本表格

场景号：＿＿＿＿＿＿　作品：＿＿＿＿＿＿　工作室：＿＿＿＿＿＿　绘制：＿＿＿＿＿＿

镜　头	分镜头画面	镜头景别及动作	时　长	字幕（歌词）	对　白	音　乐
1		远景	8s	往昔时光已走远	无	
2		全景	4s	我才会学着想念	无	《转身之间》
3		特写	4s	平常的相见	无	

绘制脚本的过程是工作室成员相互沟通与合作的过程，是保障团队最终达成思想统一的过程。俗话说："一个好汉，三个帮"。所以，导演们要想想办法，怎样能让全体成员全程参与脚本的讨论和绘制工作呢？

活动 4：分镜头分析汇报

我们的分镜头脚本终于出炉了。在正式实施拍摄之前团队必须要向组员正式解读整个拍摄效果。以确定大家都已经明白我们接下来要制作的 MV 效果和故事结构，这是至关重要的。

组员围成半圈，由导演或一名主创人员依次描述整部音乐 MV 的镜头效果，以及提出涉及每个镜头制作的具体要求。

◀))) 注意

在讨论过程中，要确保每位工作人员人手一本完整的音乐 MV 分镜脚本。另外，其他相关的工作人员必须在资料上做好相应岗位的要求笔记。大家别忘了，这是项目实施中统一思想的关键环节，如果这个时候你开小差了，就可能会在后面的工作环节使团队的工作进度陷入泥潭。

活动 5：素材拍摄

摄像师核实分镜头剧本之后，与摄像助理检查摄像设备以及辅助工具，然后根据分镜头脚本和导演的具体要求正式进行拍摄。

活动 6：音视频剪辑

音视频剪辑员严格执行分镜头剧本，在导演以及主创人员的协助下进行后期音视频剪辑。最后输出最终样片提供给客户验收。

◀))) 注意

剪辑工作要求尤为细致，不管是镜头的运用还是文字与字幕的添加，都需要编辑细心地处理问题。在剪辑中，要求剪辑人员和摄像师、导演、分镜头主创人员进行深层次的沟通。在使用镜头的时候大家统一意见，求同存异，从而才能使作品更上一层楼。其实剪辑的本质就是通过主体动作的分解组合来完成蒙太奇形象的塑造。镜头剪辑是为故事情节服务的，通过不同的剪辑方法来完善故事情节，向观众传达故事内容。对于一个完整的故事来说，画面剪辑与声音剪辑都是至关重要的，而相应的剪辑技巧和剪辑心理又是剪辑工作者在剪辑过程中所必须具备的能力。

5.1.5　项目审核

今天，客户将对阿凡达影视文化媒体有限公司的工作室作品样片进行正式审核。请各工作室派出代表展示样片，并向客户介绍创意构思。

审核团由其他工作室代表及指导教师组成。工作室的最终得分由两部分分值统计累加得出，得分最高者将是本项目的中标工作室，见表 5-3。

表 5-3　任务评价表

工作室名称：_____　　组员名单：_____　　评委签名：_____

一 级 指 标	二 级 指 标		审 核 团			指 导 教 师		
			3	2	1	3	2	1
知识与技能 目标	分镜脚本规范	画面整洁 1 分 主题明确，情节叙述清晰 1 分 场景衔接自然，镜头运用合理 1 分						
	摄像操作规范	设备保养完整，状态良好 0.5 分 拍摄素材镜头画面稳定清晰 0.5 分 镜头运动均匀 0.5 分 角度合理，景别多样 0.5 分 提供素材构图完整，用光正确 0.5 分 提供素材符合作品主题 0.5 分						
	剪辑操作规范	音画对位准确、自然 0.5 分 准确表达分镜故事脚本内容 0.5 分 剪辑节奏紧凑 0.5 分 合理运用蒙太奇手法 0.5 分 正确运用字幕效果 0.5 分 情节气氛引人入胜 0.5 分						
	其他操作规范	最终成品内容完整 0.5 分 画面质量高于 720×576 分辨率 0.5 分 播放流畅 0.5 分 DVD 格式 0.5 分 过程文字记录完整 1 分						
过程与方法 目标	组织分工	组织机构完整，岗位齐全 1 分 分工明确，责权分明 1 分 具备共同愿景，员工有动力 1 分						
	交流合作	全员参与 1 分 交流充分，且效果显著 1 分 合作意识强烈 1 分						
	创新修正	作品具备创新意识 1.5 分 敢于反思修正 1.5 分						
情感态度与 价值观目标	正确人生观	组员相互尊重 1 分 尊重师长 1 分 积极面对人生 1 分						
	正确价值观	是否建立良好职业道德 1 分 是否具备积极向上的学习价值观 1 分 是否能坚持不懈，无畏辛苦 1 分						
统计分值			分			分		
请登记该小组实际完成任务总时长								

5.1.6　项目小结

　　"音乐 MV"项目是现实中比较常见的视频业务，这次项目的特殊之处，在于制作团队是一支临时组建的队伍。团队成员面临着如何在最短的时间内达成共同愿景，积极参与到项目制作中。整个项目的难度并不是体现在高技术的实现，而是在于团队组织分工合作的过程，整个过程中重点突出"看一看"、"想一想"、"议一议"、"记一记"、"做一做"这 5 个互动环节，其目的是在于落实学生应对现实项目中合作协助能力的训练与提高。

5.2 项目 2 广告片

5.2.1 项目情境

赵总：小张（项目 A 组组长），上次你们给音乐网站制作的 MV 样片不错，咱们拿下了整个项目，恭喜你们！

小张：谢谢。

赵总：咱们阿凡达影视文化媒体有限公司将为中国平安保险公司制作一个总时长 60 s 的影视广告，公司决定把这个项目交给你们制作。好好把握机会啊。

小张：这太好了！对方有什么要求？

赵总：相关的分镜头脚本已经确定，我给你们制作团队两周时间。广告的完成样片将会在汇报会上向客户正式展示和汇报。

小张：好的，我们会抓紧时间来完成广告的拍摄和后期剪辑工作。

5.2.2 项目分析

1）客户要求的是一个 60 s 的电视广告，制作方应该在拍摄和制作之前详细了解客户方准备投放的区域以及媒体平台方面的具体信息。这样有利于在制作过程中准确判断制作的技术标准，并且向客户方提供高质量的样片。

2）准确理解分镜头是广告制作的关键步骤，导演以及摄像等技术人员要在此基础上，充分发挥自己对影视艺术的想象力和审美力去完成所有的工作环节。

3）广告拍摄是一个艰辛的过程，制作团队的所有成员应该注重相互协作和沟通，这样才能事半功倍。

5.2.3 项目单

中国平安保险公司广告—— 分镜头脚本

镜　号	景　别	画 面 内 容	广告词（台词）	音乐效果
1	特	一个小男孩的特写，小男孩用手一拨	平安是五谷丰登的祈盼 平安是吉祥的寄托	音乐起↓
2	远	北京天坛由远到近的出现，小孩转身满怀希望的跑向天坛		
3	特	一个男青年侧面脸特写		
4	远	故宫一个正门方向，男青年拿着风筝跑向故宫		
5	近	故宫的上空出现广告语：平安是吉祥的寄托		
6	近—远	清晨一位年过古稀的老人在四合院打太极的画面；镜头逐渐远离	平安是人生的愿望 平安是宅第的安宁	
7	近—远	一个老奶奶手拿春联，望向远方		
8	近	站在白雪皑皑的门前，内心充满喜悦地贴上春联		
9	特	转身露出充满慈祥的笑容		
10	近	在傍晚，一对年轻的夫妇手拿孔明灯，孔明灯上写着国泰民安	平安是未来的希望	· · ·
11	远	年轻夫妇充满希望地将孔明灯放飞		
12	近	一家人（孩子和父母还有爷爷奶奶）充满笑容，满含祝福地放飞手上的孔明灯	长久的愿望，一生的追求 中国平安保险	音乐止
13	远	夜晚在故宫的上空，出现了很多孔明灯，上面写满了大家的愿望，孔明灯下还是那对夫妇，他们朝向故宫，望向天空，内心充满希望		
14	特	公司的 LOGO		

5.2.4　项目实施

活动 1：项目背景资讯分析—— 利用隐喻与符号讲故事

一则广告短片常用的做法是创造一种独特的隐喻及符号语言来表达主题，象征性的画面能帮助观众去理解抽象的概念以及主题。

（1）隐喻 ＝ 动作 / 声音

这里指动作、经验和想法的视觉或者听觉的描绘。例如，剧本中小孩（幼童）转身满怀希望地奔跑，男青年（青年）拿着风筝奔跑。两个人的状态都是欢快奔跑，两个人年龄上由幼小到成年，表现了一种充满活力、积极的状态，在广告词旁白以及背景音效的烘托下，一切都隐喻了"平安"的吉祥祝愿之意。

（2）符号 ＝ 物体 / 声音

这里指对物体的视觉或听觉的描绘。例如，风筝（橙红色）、春联（红色与金色）、孔明灯（橙红色，明黄色）。

（3）主旋律 ＝ 重复

图 5-1　中国平安标志组合（主调为橙红色）

选择一个颜色来表现你的广告片主题，它将应用于具体的事物（场景、道具等），同时也用在隐喻上。风筝的颜色是橙红色，代表活力与积极；春联的颜色是红色底，代表红火与吉祥；春联上金色的字，代表财富与价值；孔明灯所呈现的橙红色、明黄色，冉冉升起，代表美好、吉祥的愿景。在以上的每一个场景中都凸显可以归纳为"橙红色"的色调，既强调了"平安保险"标志的橙红色基调，强化了观众对广告品牌的认识，又呈现了广告整体的主题，即"平安"是人生的终极价值，如图 5-1 所示。

活动 2：确认分工

任何一个成功的项目背后必然有一支讲求质量，明确分工，相互配合的技术团队。同样为了保障这次业务能有步骤有效率地开展，本次项目的团队协作依旧包括如下岗位分工：分镜导演 1 人、执行导演 1 人、摄像师 1 ～ 2 人、摄像师助理 1 ～ 2 人、音视频制作员 1 ～ 2 人、剧务 1 人。请小组成员确认好各自的岗位分工，开始工作吧。

活动 3：分镜头脚本绘制

表 5-4　《广告片》部分分镜头脚本参考

场景号：＿＿＿＿＿＿　作品：＿＿＿＿＿＿　工作室：＿＿＿＿＿＿　绘制：＿＿＿＿＿＿

镜　头	分镜头画面	镜头景别及动作	时　长	字　幕	旁　白	音　乐
1A		特写（叠化过渡）	2S	平安是快乐成长的祈盼	无	音乐起 ↓

（续）

镜　头	分镜头画面	镜头景别及动作	时　长	字　幕	旁　白	音　乐
1B		特写（叠化过渡）	2S	平安是快乐成长的祈盼	无	音乐起↓
2		镜头拉出至远景	3S		无	

看了这个镜头 1 至镜头 2 的分镜头脚本案例，或许你们有不同的诠释方式。下面就发挥团队的力量，绘制出属于你们自己的分镜头脚本吧。

活动 4：分镜头分析汇报

分镜头脚本终于出炉了。在正式实施拍摄之前，团队必须要向小组成员正式解读整个拍摄效果。以确定大家都已经明白接下来要制作的广告片的效果和故事结构，这是至关重要的。

小组成员围成半圈，由导演或一名主创人员依次描述整部音乐广告片的镜头效果，以及提出涉及每个镜头制作的具体要求。

活动 5：素材拍摄

摄像师核实分镜头剧本之后，与摄像助理检查摄像设备以及辅助工具，然后根据分镜头脚本和导演的具体要求正式进行拍摄。

活动 6：音视频剪辑

音视频剪辑员严格执行分镜头剧本，在导演以及主创人员的协助下进行后期音视频剪辑。最后输出最终样片提供给客户验收。

5.2.5　项目审核

今天，客户将对阿凡达影视文化媒体有限公司的工作室作品样片进行正式审核。请各工作室派出代表展示样片，并向客户介绍创意构思。

审核团由其他工作室代表及指导教师组成。工作室的最终得分由两部分分值统计累加得出，得分最高者将是本项目的中标工作室，见表 5-5。

表 5-5　任务评价表

工作室名称：_____　组员名单：_____　评委签名：_____

一 级 指 标	二 级 指 标		审 核 团			指 导 教 师		
			3	2	1	3	2	1
知识与技能目标	分镜脚本规范	画面整洁 1 分 主题明确，情节叙述清晰 1 分 场景衔接自然，镜头运用合理 1 分						
	摄像操作规范	设备保养完整，状态良好 0.5 分 拍摄素材镜头画面稳定清晰 0.5 分 镜头运动均匀 0.5 分 角度合理，景别多样 0.5 分 提供素材构图完整，用光正确 0.5 分 提供素材符合作品主题 0.5 分						
	剪辑操作规范	音画对位准确，自然 0.5 分 准确表达分镜故事脚本内容 0.5 分 剪辑节奏紧凑 0.5 分 合理运用蒙太奇手法 0.5 分 正确运用字幕效果 0.5 分 情节气氛引人入胜 0.5 分						
	其他操作规范	最终成品内容完整 0.5 分 画面质量高于 720px×576px 0.5 分 播放流畅 0.5 分 DVD 格式 0.5 分 过程文字记录完整 1 分						
过程与方法目标	组织分工	组织机构完整，岗位齐全 1 分 分工明确，责权分明 1 分 具备共同愿景，员工有动力 1 分						
	交流合作	全员参与 1 分 交流充分，且效果显著 1 分 合作意识强烈 1 分						
	创新修正	作品具备创新意识 1.5 分 敢于反思修正 1.5 分						
情感态度与价值观目标	正确人生观	组员相互尊重 1 分 尊重师长 1 分 积极面对人生 1 分						
	正确价值观	是否建立良好职业道德 1 分 是否具备积极向上的学习价值观 1 分 是否能坚持不懈，无畏辛苦 1 分						
统 计 分 值			分			分		
请登记该小组实际完成任务总时长								

5.2.6 项目小结

"广告片"项目是现实中比较常见的视频业务，本次项目开展的特殊之处，在于怎样去表达一个抽象的概念主题。同时对于团队协作来说，团队成员面临着完整的理解广告的抽象概念并确定表现手法，最终达成共识并参与整个项目的制作。整个项目的难度将融合高技术的实现以及团队的协作分工，整个过程中重点仍旧可以依据"看一看""想一想""议一议""记一记""做一做"这 5 个互动环节，最终目的在于落实学生应对相对复杂的现实项目中合作协助能力的训练与提高。

5.3 本章小结

本节是教程的综合实训章节，其目的是通过两个真实公司业务案例的执行来引导同学们如何理解团队项目。在考验同学们的技术知识的同时，也帮助同学们锻炼自己的实践能力，积极树立同学们的自信心，使之能尽快学会独立面对和克服将来社会实践中的困难。